OpenStack 構築手順書 [Liberty版]

日本仮想化技術株式会社＝著

購入者限定 無料FAQサポート付

OSSクラウド環境基盤の大本命！
<Ubuntu Server 14.04 ベース>
Keystone / Glance / Nova / Neutron / Cinder

インプレス

はじめに

本章は、OpenStack Foundation が公開している公式ドキュメント「OpenStack Installation Guide for Ubuntu 14.04」の内容から、「Block Storage Service」までの構築手順をベースに加筆したものです。OpenStack を Ubuntu Server 14.04 ベースで構築する手順を解説しています。Canonical 社が提供する Cloud Archive リポジトリーを使って、OpenStack の最新版 Liberty を導入しましょう。

目　次

第I部

OpenStack 構築編

第1章　構築する環境について

1.1　環境構築に使用するOS

本書はCanonicalのUbuntu ServerとCloud Archiveリポジトリーのパッケージを使って、OpenStack Libertyを構築する手順を解説したものです。

Ubuntu Serverは新しいハードウェアのサポートを積極的に行うディストリビューションです。そのため、Linux KernelのバージョンがTrustyの場合は14.04.2以降のLTSのポイントリリースごとに、スタンダード版のUbuntuと同様のバージョンに置き換えてリリースしています。

- https://wiki.ubuntu.com/Kernel/LTSEnablementStack

一般的な利用では特に問題ありませんが、OpenStackとSDN(Software Defined Network)のソリューションを連携した環境を作る際などで、Linux KernelやOSのバージョンを考慮しなくてはならない場合があります。また、Trustyの場合はLinux Kernel v3.13以外のバージョンのサポート期間はTrustyのサポート期間と同様ではありません。期限が切れた後はLinux Kernel v3.13にダウングレードするか、新しいLinux Kernelをインストールできるメタパッケージを手動で導入する必要がありますので注意してください。

本書ではサポート期間が長く、Trustyの初期リリースの標準カーネルであるLinux Kernel v3.13を使うために、以下のURLよりダウンロードしたUbuntu Server 14.04.1 LTS（以下Ubuntu Server）のイメージを使ってインストールします。インストール後`apt-get dist-upgrade`を行って最新のアップデートを適用した状態にしてください。Trustyではこのコマンドを実行してもカーネルのバージョンがアップグレードされることはありません。

本書は 3.13.0-68 以降のバージョンのカーネルで動作する Ubuntu 14.04.3 を想定しています。

- http://old-releases.ubuntu.com/releases/14.04.1/ubuntu-14.04.1-server-amd64.iso

1.2　作成するサーバー（ノード）

本書は OpenStack 環境をコントローラーとコンピュートの 2 台のサーバー上に構築することを想定しています。

コントローラー	コンピュート
RabbitMQ	Linux KVM
NTP	Nova Compute
MariaDB	Linux Bridge Agent
Keystone	
Glance	
Nova	
Neutron Server	
Linux Bridge Agent	
L3 Agent	
DHCP Agent	
Metadata Agent	
Cinder	

1.3　ネットワークセグメントの設定

IP アドレスは以下の構成で構築されている前提で解説します。

インターフェース	eth0
ネットワーク	10.0.0.0/24
ゲートウェイ	10.0.0.1
ネームサーバー	10.0.0.1

1.4　各ノードのネットワーク設定

各ノードのネットワーク設定は以下の通りです。

- コントローラーノード

インターフェース	eth0
IP アドレス	10.0.0.101
ネットマスク	255.255.255.0
ゲートウェイ	10.0.0.1
ネームサーバー	10.0.0.1

- コンピュートノード

インターフェース	eth0
IP アドレス	10.0.0.102
ネットマスク	255.255.255.0
ゲートウェイ	10.0.0.1
ネームサーバー	10.0.0.1

1.5　Ubuntu Server のインストール

インストール

2 台のサーバーに対し、Ubuntu Server をインストールします。要点は以下の通りです。

- 優先ネットワークインターフェースを eth0 に指定
    - インターネットへ接続するインターフェースは eth0 を使用するため、インストール中は eth0 を優先ネットワークとして指定
- OS は最小インストール
    - パッケージ選択では OpenSSH server のみ選択

【インストール時の設定パラメーター例】

設定項目	設定例
初期起動時の Language	English
起動	Install Ubuntu Server
言語	English - English
地域の設定	other → Asia → Japan
地域の言語	United States - en_US.UTF-8
キーボードレイアウトの認識	No
キーボードの言語	Japanese → Japanese
優先する NIC	eth0: Ethernet
ホスト名	それぞれのノード名 (controller, compute)
ユーザ名とパスワード	フルネームで入力
アカウント名	ユーザ名のファーストネームで設定される
パスワード	任意のパスワード

パスワードを入力後、Weak password という警告が出た場合は Yes を選択するか、警告が出ないようなより複雑なパスワードを設定してください。

設定項目	設定例
ホームの暗号化	任意
タイムゾーン	Asia/Tokyo であることを確認
パーティション設定	Guided - use entire disk and set up LVM
パーティション選択	sda を選択
パーティション書き込み	Yes を選択
パーティションサイズ	デフォルトのまま
変更の書き込み	Yes を選択
HTTP proxy	環境に合わせて任意
アップグレード	No automatic updates を推奨
ソフトウェア	OpenSSH server のみ選択
GRUB	Yes を選択
インストール完了	Continue を選択

筆者注:
Ubuntu インストール時に選択した言語がインストール後も使用されます。
Ubuntu Server の言語で日本語を設定した場合、標準出力や標準エラー出力が文字化けするなど様々な問題が起きますので、言語設定は英語を推奨します。

プロキシーの設定

外部ネットワークとの接続にプロキシーが必要な場合は、apt コマンドを使ってパッケージの照会やダウンロードを行うために次のような設定をする必要があります。

- システムのプロキシー設定

```
# vi /etc/environment
http_proxy="http://proxy.example.com:8080/"
https_proxy="https://proxy.example.com:8080/"
no_proxy=localhost,controller,compute,sql
```

- APT のプロキシー設定

```
# vi /etc/apt/apt.conf
Acquire::http::proxy "http://proxy.example.com:8080/";
Acquire::https::proxy "https://proxy.example.com:8080/";
```

より詳細な情報は下記のサイトをご確認ください。

- https://help.ubuntu.com/community/AptGet/Howto
- http://gihyo.jp/admin/serial/01/ubuntu-recipe/0331

1.6　Ubuntu Serverへのログインとroot権限

Ubuntu はデフォルト設定で root ユーザーの利用を許可していないため、root 権限が必要となる作業は以下のように行ってください。

- root ユーザーで直接ログインできないので、インストール時に作成したアカウントでログインする
- root 権限が必要な場合には、sudo コマンドを使用する
- root で連続して作業したい場合には、sudo -i コマンドでシェルを起動する

1.7　設定ファイル等の記述について

- 設定ファイルは特別な記述がない限り、必要な設定を抜粋したものです
- 特に変更の必要がない設定項目は省略されています
- [見出し] が付いている場合、その見出しから次の見出しまでの間に設定を記述します
- コメントアウトされていない設定項目が存在する場合には、値を変更してください。多くの設定項目は記述が存在しているため、エディタの検索機能で検索することをお勧めします
- 特定のホストでコマンドを実行する場合はコマンドの冒頭にホスト名を記述しています

【設定ファイルの記述例】

```
controller# vi /etc/glance/glance-api.conf ←コマンド冒頭にこのコマンドを実行するホストを記述

[DEFAULT]
debug=true                          ← コメントをはずす

[database]
#connection = sqlite:////var/lib/glance/glance.sqlite    ← 既存設定をコメントアウト
connection = mysql+pymysql://glance:password@controller/glance    ← 追記

[keystone_authtoken] ← 見出し
#auth_host = 127.0.0.1 ← 既存設定をコメントアウト
auth_host = controller ← 追記

auth_port = 35357
auth_protocol = http
auth_uri = http://controller:5000/v2.0 ← 追記
admin_tenant_name = service ← 変更
admin_user = glance ← 変更
admin_password = password ← 変更
```

第2章　OpenStackインストール前の設定

OpenStack パッケージのインストール前に各々のノードで以下の設定を行います。

- ネットワークデバイスの設定
- ホスト名と静的な名前解決の設定
- リポジトリーの設定とパッケージの更新
- Chrony サーバーのインストール（コントローラーノードのみ）
- Chrony クライアントのインストール
- Python 用 MySQL/MariaDB クライアントのインストール
- MariaDB のインストール（コントローラーノードのみ）
- RabbitMQ のインストール（コントローラーノードのみ）

2.1　ネットワークデバイスの設定

各ノードの/etc/network/interfaces を編集し、IP アドレスの設定を行います。

コントローラーノードのIPアドレスの設定

```
controller# vi /etc/network/interfaces

auto eth0
iface eth0 inet static
      address 10.0.0.101
      netmask 255.255.255.0
      gateway 10.0.0.1
```

```
        dns-nameservers 10.0.0.1
```

コンピュートノードの IP アドレスの設定

```
compute# vi /etc/network/interfaces

auto eth0
iface eth0 inet static
        address 10.0.0.102
        netmask 255.255.255.0
        gateway 10.0.0.1
        dns-nameservers 10.0.0.1
```

ネットワークの設定を反映

各ノードで変更した設定を反映させるため、ホストを再起動します。

```
# shutdown -r now
```

2.2　ホスト名と静的な名前解決の設定

ホスト名でノードにアクセスするには DNS サーバーで名前解決する方法や hosts ファイルに書く方法が挙げられます。本書では各ノードの/etc/hosts に各ノードの IP アドレスとホスト名を記述して hosts ファイルを使って名前解決します。127.0.1.1 の行はコメントアウトします。

各ノードのホスト名の設定

各ノードのホスト名を hostnamectl コマンドを使って設定します。反映させるためには一度ログインしなおす必要があります。

（例）コントローラーノードの場合

```
controller# hostnamectl set-hostname controller
# cat /etc/hostname
controller
```

各ノードの/etc/hosts の設定

すべてのノードで 127.0.1.1 の行をコメントアウトします。またホスト名で名前引きできるように設定します。

（例）コントローラーノードの場合

```
controller# vi /etc/hosts
127.0.0.1 localhost
#127.0.1.1 controller ← 既存設定をコメントアウト
#ext
10.0.0.101 controller
10.0.0.102 compute
```

2.3 リポジトリーの設定とパッケージの更新

コントローラーノードとコンピュートノードで以下のコマンドを実行し、Liberty 向け Ubuntu Cloud Archive リポジトリーを登録します。

```
# apt-get install -y software-properties-common
# add-apt-repository cloud-archive:liberty
 Ubuntu Cloud Archive for OpenStack liberty
 More info: https://wiki.ubuntu.com/ServerTeam/CloudArchive
Press [ENTER] to continue or ctrl-c to cancel adding it    ← Enter キーを押す
...
Importing ubuntu-cloud.archive.canonical.com keyring
OK
Processing ubuntu-cloud.archive.canonical.com removal keyring
OK
```

各ノードのシステムをアップデートします。Ubuntu ではパッケージのインストールやアップデートの際にまず apt-get update を実行してリポジトリー情報の更新が必要です。そのあと apt-get -y dist-upgrade でアップグレードを行います。カーネルの更新があった場合は再起動してください。

なお、apt-get update は頻繁に実行する必要はありません。日をまたいで作業する際や、コマンドを実行しない場合にパッケージ更新やパッケージのインストールでエラーが出る場合は実行してください。以降の手順では apt-get update を省略します。

```
# apt-get update && apt-get dist-upgrade
```

2.4 OpenStack クライアントのインストール

コントローラーノードで OpenStack クライアントをインストールします。依存するパッケージはすべてインストールします。

```
controller# apt-get install python-openstackclient
```

2.5　時刻同期サーバーのインストールと設定

時刻同期サーバー Chrony の設定

各ノードで時刻を正確にするために時刻同期サーバーの Chrony をインストールします。

```
# apt-get install -y chrony
```

コントローラーノードの時刻同期サーバーの設定

コントローラーノードで公開 NTP サーバーと同期する NTP サーバーを構築します。適切な公開 NTP サーバー（ex.ntp.nict.jp etc..）を指定します。ネットワーク内に NTP サーバーがある場合はそのサーバーを指定します。

設定を変更した場合は NTP サービスを再起動します。

```
controller# service chrony restart
```

その他ノードの時刻同期サーバーの設定

コンピュートノードでコントローラーノードと同期する NTP サーバーを構築します。

```
compute# vi /etc/chrony/chrony.conf

#server 0.debian.pool.ntp.org offline minpoll 8 #デフォルト設定はコメントアウト
#server 1.debian.pool.ntp.org offline minpoll 8
#server 2.debian.pool.ntp.org offline minpoll 8
#server 3.debian.pool.ntp.org offline minpoll 8

server controller iburst
```

設定を適用するため、NTP サービスを再起動します。

```
compute# service chrony restart
```

NTP サーバーの動作確認

構築した環境でコマンドを実行して、各 NTP サーバーが同期していることを確認します。

- 公開 NTP サーバーと同期しているコントローラーノード

```
controller# chronyc sources
chronyc sources
210 Number of sources = 4
MS Name/IP address         Stratum Poll Reach LastRx Last sample
===============================================================================
^* chobi.paina.jp                2   8    17     1    +47us[ -312us] +/-   13ms
^- v157-7-235-92.z1d6.static     2   8    17     1  +1235us[+1235us] +/-   45ms
^- edm.butyshop.com              3   8    17     0  -2483us[-2483us] +/-   82ms
^- y.ns.gin.ntt.net              2   8    17     0  +1275us[+1275us] +/-   35ms
```

- コントローラーノードと同期しているその他ノード

```
compute# chronyc sources
210 Number of sources = 1
MS Name/IP address         Stratum Poll Reach LastRx Last sample
===============================================================================
^* controller                3   6    77    25   -509us[-1484us] +/-   13ms
```

2.6 Python用MySQL/MariaDBクライアントのインストール

コントローラーノードでPython用のMySQL/MariaDBクライアントをインストールします。

```
controller# apt-get install -y python-pymysql
```

第3章　コントローラーノードのインストール前設定

3.1　MariaDBのインストール

ノードにデータベースサーバーのMariaDBをインストールします。

パッケージのインストール

apt-getコマンドでmariadb-serverパッケージをインストールします。

```
controller# apt-get install -y mariadb-server
```

インストール中にパスワードの入力を要求されますので、MariaDBのrootユーザーに対するパスワードを設定します。本書ではパスワードとして「password」を設定します。

MariaDBの設定を変更

MariaDBの設定ファイルmy.cnfを開き以下の設定を変更します。

- バインドアドレスをeth0に割り当てたIPアドレスへ変更
- 文字コードをUTF-8へ変更

別のノードからMariaDBへアクセスできるようにするためバインドアドレスを変更します。加えて使用する文字コードをutf8に変更します。

※文字コードをutf8に変更しないとOpenStackモジュールとデータベース間の通信でエラーが発生します。

```
controller# vi /etc/mysql/my.cnf

[mysqld]
#bind-address = 127.0.0.1                    ← 既存設定をコメントアウト
bind-address = 10.0.0.101                    ← 追記 (controller の IP アドレス)
default-storage-engine = innodb              ← 追記
innodb_file_per_table                        ← 追記
collation-server = utf8_general_ci           ← 追記
init-connect = 'SET NAMES utf8'              ← 追記
character-set-server = utf8                  ← 追記
```

MariaDB サービスの再起動

変更した設定を反映させるため MariaDB のサービスを再起動します。

```
controller# service mysql restart
```

MariaDB クライアントのインストール

コンピュートノードに、インストール済みの MariaDB と同様のバージョンの MariaDB クライアントをインストールします。

```
compute# apt-get install -y mariadb-client-5.5 mariadb-client-core-5.5
```

3.2　RabbitMQ のインストール

OpenStack は、オペレーションやステータス情報を各サービス間で連携するためにメッセージブローカーを使用しています。OpenStack では RabbitMQ、Qpid、ZeroMQ など複数のメッセージブローカーサービスに対応しています。本書では RabbitMQ をインストールする例を説明します。

パッケージのインストール

rabbitmq-server パッケージをインストールします。標準リポジトリーにある最新版をインストールします。

```
controller# apt-cache policy rabbitmq-server
rabbitmq-server:
  Installed: (none)
  Candidate: 3.5.4-1~cloud0
  Version table:
```

```
     3.5.4-1~cloud0 0
        500 http://ubuntu-cloud.archive.canonical.com/ubuntu/
trusty-updates/liberty/main amd64 Packages
     3.2.4-1 0
        500 http://ja.archive.ubuntu.com/ubuntu/ trusty/main amd64 Packages
controller# apt-get install -y rabbitmq-server=3.2.4-1  ← 11/16/2015 時点の最新版
controller# apt-mark hold rabbitmq-server               ← バージョンを固定
```

openstack ユーザーと権限の設定

RabbitMQ にアクセスするためのユーザーとして openstack ユーザーを作成し、必要なパーミッションを設定します。次は RabbitMQ のパスワードを password にする例です。

```
controller# rabbitmqctl add_user openstack password
controller# rabbitmqctl set_permissions openstack ".*" ".*" ".*"
```

待ち受け IP アドレス・ポートとセキュリティ設定の変更

以下の設定ファイルを作成し、RabbitMQ の待ち受けポートと IP アドレスを定義します。

- 待ち受け設定の追加

```
controller# vi /etc/rabbitmq/rabbitmq-env.conf

RABBITMQ_NODE_IP_ADDRESS=10.0.0.101     ← controller の IP アドレス
RABBITMQ_NODE_PORT=5672
HOSTNAME=controller
```

RabbitMQ サービス再起動と確認

- ログの確認

メッセージブローカーサービスが正常に動いていないと、OpenStack の各コンポーネントも動作しません。RabbitMQ サービスの再起動と動作確認を行い、確実に動作していることを確認します。

```
controller# service rabbitmq-server restart
controller# tailf /var/log/rabbitmq/rabbit@controller.log
...
INFO REPORT==== 4-Nov-2015::11:55:21 ===
started TCP Listener on 10.0.0.101:5672    ←待受 IP とポートを確認
INFO REPORT==== 4-Nov-2015::11:55:21 ===
Server startup complete; 0 plugins started.
```

※新たなエラーが表示されなければ問題ありません。

3.3　環境変数設定ファイルの作成

admin 環境変数設定ファイルの作成

admin ユーザー用環境変数設定ファイルを作成します。

```
controller# vi ~/admin-openrc.sh

export OS_PROJECT_DOMAIN_ID=default
export OS_USER_DOMAIN_ID=default
export OS_PROJECT_NAME=admin
export OS_TENANT_NAME=admin
export OS_USERNAME=admin
export OS_PASSWORD=password
export OS_AUTH_URL=http://controller:35357/v3
export OS_IDENTITY_API_VERSION=3
export OS_IMAGE_API_VERSION=2
export PS1='\u@\h \W(admin)\$ '
```

demo 環境変数設定ファイルの作成

demo ユーザー用環境変数設定ファイルを作成します。

```
controller# vi ~/demo-openrc.sh

export OS_PROJECT_DOMAIN_ID=default
export OS_USER_DOMAIN_ID=default
export OS_PROJECT_NAME=demo
export OS_TENANT_NAME=demo
export OS_USERNAME=demo
export OS_PASSWORD=password
export OS_AUTH_URL=http://controller:5000/v3
export OS_IDENTITY_API_VERSION=3
export OS_IMAGE_API_VERSION=2
export PS1='\u@\h \W(demo)\$ '
```

第4章　Keystoneインストールと設定（コントローラーノード）

各サービス間の連携時に使用する認証サービスKeystoneのインストールと設定を行います。

4.1　データベースを作成

Keystoneで使用するデータベースを作成します。SQLサーバー上でMariaDBにデータベースkeystoneを作成します。

```
controller# mysql -u root -p << EOF
CREATE DATABASE keystone;
GRANT ALL PRIVILEGES ON keystone.* TO 'keystone'@'localhost' \
IDENTIFIED BY 'password';
GRANT ALL PRIVILEGES ON keystone.* TO 'keystone'@'%' \
IDENTIFIED BY 'password';
EOF
Enter password: ← MariaDBのrootパスワードpasswordを入力
```

4.2　データベースの確認

コントローラーノードにユーザーkeystoneでログインしデータベースの閲覧が可能であることを確認します。

```
controller# mysql -u keystone -p
Enter password:  ← MariaDBのkeystoneパスワードpasswordを入力
...
Type 'help;' or '\h' for help. Type '\c' to clear the current input statement.

MariaDB [(none)]> show databases;
```

```
+--------------------+
| Database           |
+--------------------+
| information_schema |
| keystone           |
+--------------------+
2 rows in set (0.00 sec)
```

4.3　admin_token の決定

Keystone の admin_token に設定するトークン文字列を次のようなコマンドを実行して決定します。出力される結果はランダムな英数字になります。

```
controller# openssl rand -hex 10
45742a05a541f26ddee8
```

4.4　パッケージのインストール

Keystone のインストール時にサービスの自動起動が行われないようにするため、以下のように実行します。

```
controller# echo "manual" > /etc/init/keystone.override
```

apt-get コマンドで keystone および必要なパッケージをインストールします。

```
controller# apt-get install -y keystone apache2 libapache2-mod-wsgi memcached
python-memcache
```

4.5　Keystone の設定を変更

keystone の設定ファイルを変更します。

```
controller# vi /etc/keystone/keystone.conf

[DEFAULT]
admin_token = 45742a05a541f26ddee8    ← 追記 (4-3 で出力されたキーを入力)
log_dir = /var/log/keystone           ← 設定されていることを確認
...
[database]
#connection = sqlite:////var/lib/keystone/keystone.db     ← 既存設定をコメントアウト
connection = mysql+pymysql://keystone:password@controller/keystone  ← 追記
```

```
...
[memcache]
...
servers = localhost:11211  ← コメントをはずす
...
[token]
...
provider = uuid            ← コメントをはずす
driver = memcache          ← 追記
...
[revoke]
...
driver = sql               ← コメントをはずす
```

次のコマンドを実行して正しく設定を行ったか確認します。

```
controller# less /etc/keystone/keystone.conf | grep -v "^\s*$" | grep -v "^\s*#"
```

4.6　データベースに表を作成

```
controller# su -s /bin/sh -c "keystone-manage db_sync" keystone
```

4.7　Apache Webサーバーの設定

- コントローラーノードの/etc/apache2/apache2.conf の ServerName にコントローラーノードのホスト名を設定します。

```
# Global configuration
#
ServerName controller
...
```

- コントローラーノードで/etc/apache2/sites-available/wsgi-keystone.conf を作成して、次の内容を記述します。

```
Listen 5000
Listen 35357
<VirtualHost *:5000>
    WSGIDaemonProcess keystone-public processes=5 threads=1 user=keystone
group=keystone display-name=%{GROUP}
    WSGIProcessGroup keystone-public
    WSGIScriptAlias / /usr/bin/keystone-wsgi-public
```

```
    WSGIApplicationGroup %{GLOBAL}
    WSGIPassAuthorization On
    <IfVersion >= 2.4>
      ErrorLogFormat "%{cu}t %M"
    </IfVersion>
    ErrorLog /var/log/apache2/keystone.log
    CustomLog /var/log/apache2/keystone_access.log combined
    <Directory /usr/bin>
        <IfVersion >= 2.4>
            Require all granted
        </IfVersion>
        <IfVersion < 2.4>
            Order allow,deny
            Allow from all
        </IfVersion>
    </Directory>
</VirtualHost>

<VirtualHost *:35357>
    WSGIDaemonProcess keystone-admin processes=5 threads=1 user=keystone
group=keystone display-name=%{GROUP}
    WSGIProcessGroup keystone-admin
    WSGIScriptAlias / /usr/bin/keystone-wsgi-admin
    WSGIApplicationGroup %{GLOBAL}
    WSGIPassAuthorization On
    <IfVersion >= 2.4>
      ErrorLogFormat "%{cu}t %M"
    </IfVersion>
    ErrorLog /var/log/apache2/keystone.log
    CustomLog /var/log/apache2/keystone_access.log combined
    <Directory /usr/bin>
        <IfVersion >= 2.4>
            Require all granted
        </IfVersion>
        <IfVersion < 2.4>
            Order allow,deny
            Allow from all
        </IfVersion>
    </Directory>
</VirtualHost>
```

- バーチャルホストで Identity service を有効に設定します。

```
controller# ln -s /etc/apache2/sites-available/wsgi-keystone.conf
/etc/apache2/sites-enabled
```

4.8 サービスの再起動と DB の削除

- Apache Web サーバーを再起動します。

```
controller# service apache2 restart
```

- パッケージのインストール時に作成される不要な SQLite ファイルを削除します。

```
controller# rm /var/lib/keystone/keystone.db
```

4.9 サービスと API エンドポイントの作成

以下コマンドでサービスと API エンドポイントを設定します。

- 環境変数の設定

```
controller# export OS_TOKEN=45742a05a541f26ddee8  ← 追記 (5-1-3 で出力されたキーを入力)
controller# export OS_URL=http://controller:35357/v3
controller# export OS_IDENTITY_API_VERSION=3
```

- サービスを作成

```
controller# openstack service create \
  --name keystone --description "OpenStack Identity" identity
+-------------+----------------------------------+
| Field       | Value                            |
+-------------+----------------------------------+
| description | OpenStack Identity               |
| enabled     | True                             |
| id          | 492157c4ba4c432995a6ebbf579b8654 |
| name        | keystone                         |
| type        | identity                         |
+-------------+----------------------------------+
```

- API エンドポイントを作成

```
controller# openstack endpoint create --region RegionOne \
  identity public http://controller:5000/v2.0
controller# openstack endpoint create --region RegionOne \
  identity internal http://controller:5000/v2.0
```

```
controller# openstack endpoint create --region RegionOne \
  identity admin http://controller:35357/v2.0
```

4.10　プロジェクトとユーザー、ロールの作成

以下コマンドで認証情報（プロジェクト・ユーザー・ロール）を設定します。

- admin プロジェクトの作成

```
controller# openstack project create --domain default \
  --description "Admin Project" admin
```

- admin ユーザーの作成

```
controller# openstack user create --domain default --password-prompt admin
User Password: password  #admin ユーザーのパスワードを設定 (本書は password を設定)
Repeat User Password: password
+-----------+----------------------------------+
| Field     | Value                            |
+-----------+----------------------------------+
| domain_id | default                          |
| enabled   | True                             |
| id        | f96730bfc0b24c30aea7e16393ca5cde |
| name      | admin                            |
+-----------+----------------------------------+
```

- admin ロールの作成

```
controller# openstack role create admin
+-------+----------------------------------+
| Field | Value                            |
+-------+----------------------------------+
| id    | 3952dbf71af946a0be607fb282a2a176 |
| name  | admin                            |
+-------+----------------------------------+
```

- admin プロジェクトとユーザーに admin ロールを追加します。

```
controller# openstack role add --project admin --user admin admin
```

- service プロジェクトを作成

```
controller# openstack project create --domain default \
 --description "Service Project" service
+-------------+----------------------------------+
| Field       | Value                            |
+-------------+----------------------------------+
| description | Service Project                  |
| domain_id   | default                          |
| enabled     | True                             |
| id          | 9307593a3c904114aa4266c0c9cd3087 |
| is_domain   | False                            |
| name        | service                          |
| parent_id   | None                             |
+-------------+----------------------------------+
```

- demo プロジェクトの作成

```
controller# openstack project create --domain default \
 --description "Demo Project" demo
+-------------+----------------------------------+
| Field       | Value                            |
+-------------+----------------------------------+
| description | Demo Project                     |
| domain_id   | default                          |
| enabled     | True                             |
| id          | b93bc87be9ed41219e8f9c8b5b74dea2 |
| is_domain   | False                            |
| name        | demo                             |
| parent_id   | None                             |
+-------------+----------------------------------+
```

- demo ユーザーの作成

```
controller# openstack user create --domain default \
 --password-prompt demo
User Password: password  #demo ユーザーのパスワードを設定 (本書は password を設定)
Repeat User Password: password
+-----------+----------------------------------+
| Field     | Value                            |
+-----------+----------------------------------+
| domain_id | default                          |
| enabled   | True                             |
| id        | 3d98e96da46e4d43a81a1e355dc2d36f |
| name      | demo                             |
+-----------+----------------------------------+
```

- user ロールの作成

```
controller# openstack role create user
+-------+----------------------------------+
| Field | Value                            |
+-------+----------------------------------+
| id    | 5e1472c6480c474f9c0e255ce2b0d0d4 |
| name  | user                             |
+-------+----------------------------------+
```

- demo プロジェクトと demo ユーザーに user ロールを追加します。

```
controller# openstack role add --project demo --user demo user
```

4.11　Keystone の動作を確認

他のサービスをインストールする前に Identity サービスが正しく構築、設定されたか動作を検証します。

- セキュリティを確保するため、一時認証トークンメカニズムを無効化します。
  - /etc/keystone/keystone-paste.ini を開き、[pipeline:public_api] と [pipeline:admin_api] と [pipeline:api_v3] セクションの pipeline 行から、admin_token_auth を取り除きます。

```
[pipeline:public_api]
pipeline = sizelimit url_normalize request_id build_auth_context token_auth
json_body ec2_extension user_crud_extension public_service
...
[pipeline:admin_api]
pipeline = sizelimit url_normalize request_id build_auth_context token_auth
json_body ec2_extension s3_extension crud_extension admin_service
...
[pipeline:api_v3]
pipeline = sizelimit url_normalize request_id build_auth_context token_auth
json_body ec2_extension_v3 s3_extension simple_cert_extension revoke_extension
federation_extension oauth1_extension endpoint_filter_extension
endpoint_policy_extension service_v3
```

- Keystone への作成が完了したら環境変数をリセットします。

```
controller# unset OS_TOKEN OS_URL
```

動作確認のため admin および demo テナントに対し認証トークンを要求してみます。admin、

demo ユーザーのパスワードを入力する必要があります。

- admin ユーザーとして管理トークンを要求します。

```
controller# openstack --os-auth-url http://controller:35357/v3 \
  --os-project-domain-id default --os-user-domain-id default \
  --os-project-name admin --os-username admin --os-auth-type password \
  token issue
Password:
+------------+----------------------------------+
| Field      | Value                            |
+------------+----------------------------------+
| expires    | 2015-11-04T06:35:49.316276Z      |
| id         | 98026d8fb75745bdab492e0d35ff2afd |
| project_id | e7a1bb2fb5a1488fbdd761136d0d9daa |
| user_id    | f96730bfc0b24c30aea7e16393ca5cde |
+------------+----------------------------------+
```

正常に応答が返ってくると、/var/log/apache2/keystone_access.log に「"POST /v3/auth /tokens HTTP/1.1" 201」が記録されます。例えばわざと認証用パスワードを間違えると、「"POST /v3/auth/tokens HTTP/1.1" 401」が記録されます。正常に応答がない場合は/var/log/apache2/keystone}error.log を確認しましょう。

```
...
10.0.0.101 - - [23/Jun/2015:09:55:21 +0900] "GET /v3 HTTP/1.1" 200 556 "-"
"python-openstackclient"
10.0.0.101 - - [23/Jun/2015:09:55:24 +0900] "POST /v3/auth/tokens HTTP/1.1" 201 3212
"-" "python-openstackclient"
```

- admin ユーザーで管理ユーザー専用のコマンドを使って、作成したプロジェクトを表示できることを確認します。

```
controller# openstack --os-auth-url http://controller:35357/v3
--os-project-domain-id default --os-user-domain-id default --os-project-name admin
--os-username admin --os-auth-type password project list
Password:
+----------------------------------+---------+
| ID                               | Name    |
+----------------------------------+---------+
| 9307593a3c904114aa4266c0c9cd3087 | service |
| b93bc87be9ed41219e8f9c8b5b74dea2 | demo    |
| e7a1bb2fb5a1488fbdd761136d0d9daa | admin   |
+----------------------------------+---------+
```

- admin ユーザーでユーザーを一覧表示して、先に作成したユーザーが含まれることを確認します。

```
controller# openstack --os-auth-url http://controller:35357/v3
--os-project-domain-id default --os-user-domain-id default --os-project-name admin
--os-username admin --os-auth-type password user list
Password:
+----------------------------------+-------+
| ID                               | Name  |
+----------------------------------+-------+
| 3d98e96da46e4d43a81a1e355dc2d36f | demo  |
| f96730bfc0b24c30aea7e16393ca5cde | admin |
+----------------------------------+-------+
```

- admin ユーザーでロールを一覧表示して、先に作成したロールが含まれることを確認します。

```
controller# openstack --os-auth-url http://controller:35357/v3
--os-project-domain-id default --os-user-domain-id default --os-project-name admin
--os-username admin --os-auth-type password role list
Password:
+----------------------------------+-------+
| ID                               | Name  |
+----------------------------------+-------+
| 3952dbf71af946a0be607fb282a2a176 | admin |
| 5e1472c6480c474f9c0e255ce2b0d0d4 | user  |
+----------------------------------+-------+
```

- demo ユーザーとして管理トークンを要求します。

```
controller# openstack --os-auth-url http://controller:5000/v3 \
  --os-project-domain-id default --os-user-domain-id default \
  --os-project-name demo --os-username demo --os-auth-type password \
  token issue
Password:
+------------+----------------------------------+
| Field      | Value                            |
+------------+----------------------------------+
| expires    | 2015-11-04T06:42:24.143091Z      |
| id         | e1320cf3e1ca49b18448e43f1b873f05 |
| project_id | b93bc87be9ed41219e8f9c8b5b74dea2 |
| user_id    | 3d98e96da46e4d43a81a1e355dc2d36f |
+------------+----------------------------------+
```

第5章　Glanceのインストールと設定

5.1　データベースを作成

MariaDBにデータベースglanceを作成します。

```
controller# mysql -u root -p << EOF
CREATE DATABASE glance;
GRANT ALL PRIVILEGES ON glance.* TO 'glance'@'localhost' \
 IDENTIFIED BY 'password';
GRANT ALL PRIVILEGES ON glance.* TO 'glance'@'%' \
IDENTIFIED BY 'password';
EOF
Enter password: ← MariaDBのrootパスワードpasswordを入力
```

5.2　データベースの確認

ユーザーglanceでログインしデータベースの閲覧が可能であることを確認します。

```
controller# mysql -u glance -p
Enter password: ← MariaDBのglanceパスワードpasswordを入力
...
Type 'help;' or '\h' for help. Type '\c' to clear the current input statement.

MariaDB [(none)]> show databases;
+--------------------+
| Database           |
+--------------------+
| information_schema |
| glance             |
+--------------------+
```

```
2 rows in set (0.00 sec)
```

5.3 ユーザーとサービス、API エンドポイントの作成

以下のコマンドで認証情報を読み込んだあと、サービスと API エンドポイントを設定します。

- 環境変数ファイルの読み込み

admin-openrc.sh を読み込むと次のように出力が変化します。

```
controller# source admin-openrc.sh
controller ~(admin)#
```

- glance ユーザーの作成

```
controller# openstack user create --domain default --password-prompt glance
User Password: password  #glance ユーザーのパスワードを設定 (本書は password を設定)
Repeat User Password: password
+-----------+----------------------------------+
| Field     | Value                            |
+-----------+----------------------------------+
| domain_id | default                          |
| enabled   | True                             |
| id        | 6f51630f9dcb4a4aaca5e1c6f5805dd6 |
| name      | glance                           |
+-----------+----------------------------------+
```

- admin ロールを glance ユーザーと service プロジェクトに追加

```
controller# openstack role add --project service --user glance admin
```

- サービスの作成

```
controller# openstack service create --name glance \
--description "OpenStack Image service" image
+-------------+----------------------------------+
| Field       | Value                            |
+-------------+----------------------------------+
| description | OpenStack Image service          |
| enabled     | True                             |
```

```
| id          | 827aac89e9c2450191af2ddfffcfd687 |
| name        | glance                           |
| type        | image                            |
+-------------+----------------------------------+
```

- サービスエンドポイントの作成

```
controller# openstack endpoint create --region RegionOne \
  image public http://controller:9292
controller# openstack endpoint create --region RegionOne \
  image internal http://controller:9292
controller# openstack endpoint create --region RegionOne \
  image admin http://controller:9292
```

5.4　パッケージのインストール

apt-get コマンドで glance と glance クライアントパッケージをインストールします。Glance API が Swift クライアントを要求するのでインストールします。

```
controller# apt-get install -y glance python-glanceclient python-swiftclient
```

5.5　Glanceの設定を変更

Glance の設定を行います。glance-api.conf、glance-registry.conf ともに、[keystone_authtoken] に追記した設定以外のパラメーターはコメントアウトします。

```
controller# vi /etc/glance/glance-api.conf

[DEFAULT]
...
notification_driver = noop     ← 追記
...
[database]
#sqlite_db = /var/lib/glance/glance.sqlite          ← 既存設定をコメントアウト
connection = mysql+pymysql://glance:password@controller/glance    ← 追記
...
[glance_store]
...
default_store =file                                 ← コメントをはずす
filesystem_store_datadir = /var/lib/glance/images/  ← 追記
...
[keystone_authtoken]（既存の設定はコメントアウトし、以下を追記）
...
```

```
auth_uri = http://controller:5000
auth_url = http://controller:35357
auth_plugin = password
project_domain_id = default
user_domain_id = default
project_name = service
username = glance
password = password         ← glance ユーザーのパスワード (5-2 で設定したもの)
...
[paste_deploy]
...
flavor = keystone           ← 追記
```

次のコマンドを実行して正しく設定を行ったか確認します。

```
controller# less /etc/glance/glance-api.conf | grep -v "^\s*$" | grep -v "^\s*#"
```

```
controller# vi /etc/glance/glance-registry.conf

[DEFAULT]
...
notification_driver = noop    ← 追記
...
[database]
#sqlite_db = /var/lib/glance/glance.sqlite              ← 既存設定をコメントアウト
connection = mysql+pymysql://glance:password@controller/glance    ← 追記

[glance_store]
...
default_store =file                                   ← コメントをはずす
filesystem_store_datadir = /var/lib/glance/images/    ← 追記

[keystone_authtoken]（既存の設定はコメントアウトし、以下を追記）
...
auth_uri = http://controller:5000
auth_url = http://controller:35357
auth_plugin = password
project_domain_id = default
user_domain_id = default
project_name = service
username = glance
password = password               ← glance ユーザーのパスワード (5-2 で設定したもの)
...
[paste_deploy]
flavor = keystone                 ← 追記
```

次のコマンドを実行して正しく設定を行ったか確認します。

```
controller# less /etc/glance/glance-registry.conf | grep -v "^\s*$" | grep -v
"^\s*#"
```

5.6　データベースにデータを登録

下記コマンドにて glance データベースのセットアップを行います。

```
controller# su -s /bin/sh -c "glance-manage db_sync" glance
```

5.7　Glance サービスの再起動

設定を反映させるため、Glance サービスを再起動します。

```
controller# service glance-registry restart && service glance-api restart
```

5.8　ログの確認と使用しないデータベースファイルの削除

サービスの再起動後、ログを参照し Glance Registry と Glance API サービスでエラーが起きていないことを確認します。

```
controller# tailf /var/log/glance/glance-api.log
controller# tailf /var/log/glance/glance-registry.log
```

Glance のインストール直後は Glance のログに「glance.store.swift.Store を読み込むことができなかった」といったエラーが出ることがありますが、本書の例に従った場合は Glance のバックエンドとして Swift ストレージは使わないため、無視して構いません。正しく設定が行われるとエラーは出力されなくなります。

```
ERROR stevedore.extension [-] Could not load 'glance.store.swift.Store': No module
named swiftclient
ERROR stevedore.extension [-] No module named swiftclient
```

インストール直後は作られていない場合が多いですが、コマンドを実行して glance.sqlite を削除します。

```
controller# rm /var/lib/glance/glance.sqlite
```

5.9　イメージの取得と登録

Glance へインスタンス用仮想マシンイメージを登録します。ここでは、クラウド環境で主にテスト用途で利用される Linux ディストリビューション CirrOS を登録します。

イメージの取得

CirrOS の Web サイトより仮想マシンイメージをダウンロードします。

```
controller# wget http://download.cirros-cloud.net/0.3.4/cirros-0.3.4-x86_64-disk.img
```

イメージを登録

ダウンロードした仮想マシンイメージを Glance に登録します。

```
controller# glance image-create --name "cirros-0.3.4-x86_64" --file
cirros-0.3.4-x86_64-disk.img --disk-format qcow2 --container-format bare \
 --visibility public --progress
[=============================>] 100%
+------------------+--------------------------------------+
| Property         | Value                                |
+------------------+--------------------------------------+
| checksum         | ee1eca47dc88f4879d8a229cc70a07c6     |
| container_format | bare                                 |
| created_at       | 2015-11-04T08:17:27Z                 |
| disk_format      | qcow2                                |
| id               | debb1779-fb3c-42a7-aa18-4f6d0c9446f7 |
| min_disk         | 0                                    |
| min_ram          | 0                                    |
| name             | cirros-0.3.4-x86_64                  |
| owner            | e7a1bb2fb5a1488fbdd761136d0d9daa     |
| protected        | False                                |
| size             | 13287936                             |
| status           | active                               |
| tags             | []                                   |
| updated_at       | 2015-11-04T08:17:27Z                 |
| virtual_size     | None                                 |
| visibility       | public                               |
+------------------+--------------------------------------+
```

イメージの登録を確認

仮想マシンイメージが正しく登録されたか確認します。

```
controller# openstack image list
+--------------------------------------+---------------------+
| ID                                   | Name                |
```

```
+--------------------------------------+----------------------+
| debb1779-fb3c-42a7-aa18-4f6d0c9446f7 | cirros-0.3.4-x86_64 |
+--------------------------------------+----------------------+
```

第6章　Novaのインストールと設定（コントローラーノード）

6.1　データベースを作成

MariaDBにデータベースnovaを作成します。

```
controller# mysql -u root -p << EOF
CREATE DATABASE nova;
GRANT ALL PRIVILEGES ON nova.* TO 'nova'@'localhost' \
IDENTIFIED BY 'password';
GRANT ALL PRIVILEGES ON nova.* TO 'nova'@'%' \
IDENTIFIED BY 'password';
EOF
Enter password:              ← MariaDBのrootパスワードpasswordを入力
```

6.2　データベースの確認

ユーザーnovaでログインしデータベースの閲覧が可能であることを確認します。

```
controller# mysql -u nova -p
Enter password: ← MariaDBのnovaパスワードpasswordを入力
...
Type 'help;' or '\h' for help. Type '\c' to clear the current input statement.

MariaDB [(none)]> show databases;
+--------------------+
| Database           |
+--------------------+
| information_schema |
| nova               |
+--------------------+
```

```
2 rows in set (0.00 sec)
```

6.3　ユーザーとサービス、API エンドポイントの作成

以下コマンドで認証情報を読み込んだあと、サービスと API エンドポイントを設定します。

- 環境変数ファイルの読み込み

```
controller# source admin-openrc.sh
```

- nova ユーザーの作成

```
controller# openstack user create --domain default --password-prompt nova
User Password: password  #nova ユーザーのパスワードを設定 (本書は password を設定)
Repeat User Password: password
+-----------+----------------------------------+
| Field     | Value                            |
+-----------+----------------------------------+
| domain_id | default                          |
| enabled   | True                             |
| id        | cf0f0c462bcf47d9ae25402b3dca4ac3 |
| name      | nova                             |
+-----------+----------------------------------+
```

- nova ユーザーを admin ロールに追加

```
controller# openstack role add --project service --user nova admin
```

- nova サービスの作成

```
controller# openstack service create --name nova \--description "OpenStack Compute"
compute+-------------+----------------------------------+| Field       | Value
|+-------------+----------------------------------+| description | OpenStack Compute
|| enabled     | True                             || id          |
34ab683e8d39484fb4474fc07bf9608c || name        | nova                             ||
type        | compute
|+-------------+----------------------------------+
```

- Compute サービスの API エンドポイントを作成

```
controller# openstack endpoint create --region RegionOne \
  compute public http://controller:8774/v2/%\(tenant_id\)s
controller# openstack endpoint create --region RegionOne \
  compute internal http://controller:8774/v2/%\(tenant_id\)s
controller# openstack endpoint create --region RegionOne \
  compute admin http://controller:8774/v2/%\(tenant_id\)s
```

6.4　パッケージのインストール

apt-get コマンドで Nova 関連のパッケージをインストールします。

```
controller# apt-get install -y nova-api nova-cert nova-conductor nova-consoleauth
nova-novncproxy \
nova-scheduler python-novaclient
```

6.5　Nova の設定を変更

nova.conf に下記の設定を追記します。

```
controller# vi /etc/nova/nova.conf

[DEFAULT]
dhcpbridge_flagfile=/etc/nova/nova.conf
dhcpbridge=/usr/bin/nova-dhcpbridge
logdir=/var/log/nova
state_path=/var/lib/nova
#lock_path=/var/lock/nova    ←コメントアウト
force_dhcp_release=True
libvirt_use_virtio_for_bridges=True
verbose=True
ec2_private_dns_show_ip=True
api_paste_config=/etc/nova/api-paste.ini
enabled_apis=ec2,osapi_compute,metadata
rpc_backend = rabbit         ←追記
auth_strategy = keystone     ←追記

# コントローラーノードの IP アドレス:10.0.0.101
my_ip = 10.0.0.101                       ←追記

network_api_class = nova.network.neutronv2.api.API
security_group_api = neutron
linuxnet_interface_driver = nova.network.linux_net.NeutronLinuxBridgeInterfaceDriver
firewall_driver = nova.virt.firewall.NoopFirewallDriver
enabled_apis=osapi_compute,metadata
```

```
[vnc]
vncserver_listen = 10.0.0.101                       ←追記
vncserver_proxyclient_address = 10.0.0.101   ←自ホストを指定
novncproxy_base_url = http://10.0.0.101:6080/vnc_auto.html   ← novnc ホストを指定

（次ページに続きます...）
```

```
（前ページ/etc/nova/nova.conf の続き）
...
(↓これ以下追記↓)
[database]
connection = mysql+pymysql://nova:password@controller/nova

[oslo_messaging_rabbit]
rabbit_host = controller
rabbit_userid = openstack
rabbit_password = password

[keystone_authtoken]
auth_uri = http://controller:5000
auth_url = http://controller:35357
auth_plugin = password
project_domain_id = default
user_domain_id = default
project_name = service
username = nova
password = password       ← nova ユーザーのパスワード (6-2 で設定したもの)

[glance]
host = controller

[oslo_concurrency]
lock_path = /var/lib/nova/tmp
```

次のコマンドを実行して正しく設定を行ったか確認します。

```
controller# less /etc/nova/nova.conf | grep -v "^\s*$" | grep -v "^\s*#"
```

6.6　データベースにデータを作成

下記コマンドにて nova データベースのセットアップを行います。

```
controller# su -s /bin/sh -c "nova-manage db sync" nova
```

6.7 Nova サービスの再起動

設定を反映させるため、Nova のサービスを再起動します。

```
controller# service nova-api restart && service nova-cert restart && \
service nova-consoleauth restart && service nova-scheduler restart && \
service nova-conductor restart && service nova-novncproxy restart
```

6.8 使用しないデータベースファイル削除

データベースは MariaDB を使用するため、使用しない SQLite ファイルを削除します。

```
controller# rm /var/lib/nova/nova.sqlite
```

6.9 Glance との通信確認

Nova のコマンドラインインターフェースで Glance と通信して Glance と相互に通信できているかを確認します。

```
controller# nova image-list
+--------------------------------------+---------------------+--------+--------+
| ID                                   | Name                | Status | Server |
+--------------------------------------+---------------------+--------+--------+
| debb1779-fb3c-42a7-aa18-4f6d0c9446f7 | cirros-0.3.4-x86_64 | ACTIVE |        |
+--------------------------------------+---------------------+--------+--------+
```

※ Glance に登録した CirrOS イメージが表示できれば問題ありません。

第7章　Nova Computeのインストールと設定（コンピュートノード）

ここまでコントローラーノードの環境構築を行ってきましたが、ここでコンピュートノードに切り替えて設定を行います。

7.1　パッケージのインストール

```
compute# apt-get install -y nova-compute sysfsutils
```

7.2　Novaの設定を変更

novaの設定ファイルを変更します。

```
compute# vi /etc/nova/nova.conf

[DEFAULT]
dhcpbridge_flagfile=/etc/nova/nova.conf
dhcpbridge=/usr/bin/nova-dhcpbridge
logdir=/var/log/nova
state_path=/var/lib/nova
#lock_path=/var/lock/nova        ←コメントアウト
force_dhcp_release=True
libvirt_use_virtio_for_bridges=True
verbose=True
ec2_private_dns_show_ip=True
api_paste_config=/etc/nova/api-paste.ini
enabled_apis=ec2,osapi_compute,metadata
rpc_backend = rabbit
auth_strategy = keystone
```

```
my_ip = 10.0.0.102   ← IP アドレスで指定

network_api_class = nova.network.neutronv2.api.API
security_group_api = neutron
linuxnet_interface_driver = nova.network.linux_net.NeutronLinuxBridgeInterfaceDriver
firewall_driver = nova.virt.firewall.NoopFirewallDriver
(次ページに続きます...)
```

```
（前ページ/etc/nova/nova.conf の続き）
[vnc]
enabled = True
vncserver_listen = 0.0.0.0
vncserver_proxyclient_address = 10.0.0.102  ←自ホストを指定
novncproxy_base_url = http://10.0.0.101:6080/vnc_auto.html ← novnc ホストを指定
vnc_keymap = ja                              ←日本語キーボードの設定

[oslo_messaging_rabbit]
rabbit_host = controller
rabbit_userid = openstack
rabbit_password = password

[keystone_authtoken]
auth_uri = http://controller:5000
auth_url = http://controller:35357
auth_plugin = password
project_domain_id = default
user_domain_id = default
project_name = service
username = nova
password = password     ← nova ユーザーのパスワード (6-2 で設定したもの)

[glance]
host = controller

[oslo_concurrency]
lock_path = /var/lib/nova/tmp
```

次のコマンドを実行して正しく設定を行ったか確認します。

```
compute# less /etc/nova/nova.conf | grep -v "^\s*$" | grep -v "^\s*#"
```

まず次のようにコマンドを実行し、KVM が動く環境であることを確認します。CPU が VMX もしくは SVM 対応であるか、コア数がいくつかを出力しています。0 と表示される場合は後述の設定で virt_type = qemu を設定します。

```
compute# cat /proc/cpuinfo |egrep 'vmx|svm'|wc -l
4
```

VMX もしくは SVM 対応 CPU の場合は virt_type = kvm と設定することにより、仮想化部分のパフォーマンスが向上します。

```
compute# vi /etc/nova/nova-compute.conf

[libvirt]
...
virt_type = kvm
```

7.3　Novaコンピュートサービスの再起動

設定を反映させるため、Nova-Computeのサービスを再起動します。

```
compute# service nova-compute restart
```

7.4　コントローラーノードとの疎通確認

疎通確認はコントローラーノード上にて、admin環境変数設定ファイルを読み込んで行います。

```
controller# source admin-openrc.sh
```

ホストリストの確認

コントローラーノードとコンピュートノードが相互に接続できているか確認します。もし、StateがXXXなサービスがあった場合は、該当のサービスのログを確認して対処してください。

```
controller# openstack compute service list -c Binary -c Host -c State
+------------------+---------------+-------+
| Binary           | Host          | State |
+------------------+---------------+-------+
| nova-cert        | controller    | up    |
| nova-consoleauth | controller    | up    |
| nova-scheduler   | controller    | up    | ← Novaのステータスを確認
| nova-conductor   | controller    | up    |
| nova-compute     | compute       | up    |
+------------------+---------------+-------+
```

※一覧にcomputeが表示されていれば問題ありません。Stateがupでないサービスがある場合は-cオプションをはずして確認します。

ハイパーバイザの確認

コントローラーノードからコンピュートノードのハイパーバイザが取得可能か確認します。

```
controller# openstack hypervisor list
+----+---------------------+
| ID | Hypervisor Hostname |
+----+---------------------+
|  1 | compute             |
+----+---------------------+
```

※ Hypervisor 一覧に compute が表示されていれば問題ありません。

第8章　Neutronのインストール・設定（コントローラーノード）

8.1　データベースを作成

MariaDBにデータベースneutronを作成します。

```
controller# mysql -u root -p << EOF
CREATE DATABASE neutron;
GRANT ALL PRIVILEGES ON neutron.* TO 'neutron'@'localhost' \
  IDENTIFIED BY 'password';
GRANT ALL PRIVILEGES ON neutron.* TO 'neutron'@'%' \
  IDENTIFIED BY 'password';
EOF
Enter password: ←MariaDBのrootパスワードpasswordを入力
```

8.2　データベースの確認

MariaDBにNeutronのデータベースが登録されたか確認します。

```
controller# mysql -u neutron -p
Enter password: ←MariaDBのneutronパスワードpasswordを入力
...

Type 'help;' or '\h' for help. Type '\c' to clear the current input statement.

MariaDB [(none)]> show databases;
+--------------------+
| Database           |
+--------------------+
| information_schema |
| neutron            |
```

```
+--------------------+
2 rows in set (0.00 sec)
```

※ユーザー neutron でログイン可能でデータベースが閲覧可能なら問題ありません。

8.3 ユーザーとサービス、API エンドポイントの作成

以下のコマンドで認証情報を読み込んだあと、サービスと API エンドポイントを設定します。

- 環境変数ファイルの読み込み

```
controller# source admin-openrc.sh
```

- neutron ユーザーの作成

```
controller# openstack user create --domain default --password-prompt neutron
User Password: password  #neutron ユーザーのパスワードを設定 (本書は password を設定)
Repeat User Password: password
+-----------+----------------------------------+
| Field     | Value                            |
+-----------+----------------------------------+
| domain_id | default                          |
| enabled   | True                             |
| id        | 5c811d7bc6844c079a3608e1d431f38f |
| name      | neutron                          |
+-----------+----------------------------------+
```

- neutron ユーザーを admin ロールに追加

```
controller# openstack role add --project service --user neutron admin
```

- neutron サービスの作成

```
controller# openstack service create --name neutron --description "OpenStack
Networking" network
+-------------+----------------------------------+
| Field       | Value                            |
+-------------+----------------------------------+
| description | OpenStack Networking             |
| enabled     | True                             |
```

```
| id          | 4e6ef921426a4e5c8f7e296d90d07f3e |
| name        | neutron                          |
| type        | network                          |
+-------------+----------------------------------+
```

- neutron サービスの API エンドポイントを作成

```
controller# openstack endpoint create --region RegionOne \
  network public http://controller:9696
controller# openstack endpoint create --region RegionOne \
  network internal http://controller:9696
controller# openstack endpoint create --region RegionOne \
  network admin http://controller:9696
```

8.4　パッケージのインストール

本書ではネットワークの構成は公式マニュアルの「Networking Option 2: Self-service networks」の方法で構築する例を示します。

```
controller# apt-get install neutron-server neutron-plugin-ml2 \
 neutron-plugin-linuxbridge-agent neutron-l3-agent neutron-dhcp-agent \
 neutron-metadata-agent python-neutronclient
```

8.5　Neutron コンポーネントの設定を変更

- Neutron サーバーの設定

```
controller# vi /etc/neutron/neutron.conf

[DEFAULT]
...
core_plugin = ml2                ←確認
service_plugins = router         ←追記
allow_overlapping_ips = True     ←追記
rpc_backend = rabbit             ←コメントをはずす
auth_strategy = keystone         ←コメントをはずす
notify_nova_on_port_status_changes = True    ←コメントをはずす
notify_nova_on_port_data_changes = True      ←コメントをはずす
nova_url = http://controller:8774/v2         ←追記

[database]
#connection = sqlite:////var/lib/neutron/neutron.sqlite  ←既存設定をコメントアウト
```

```
connection = mysql+pymysql://neutron:password@controller/neutron  ←追記

[keystone_authtoken]（既存の設定はコメントアウトし、以下を追記）
...
auth_uri = http://controller:5000
auth_url = http://controller:35357
auth_plugin = password
project_domain_id = default
user_domain_id = default
project_name = service
username = neutron
password = password        ← neutron ユーザーのパスワード (9-2 で設定したもの)

（次ページに続きます...）
```

```
（前ページ/etc/neutron/neutron.conf の続き）

[nova]（以下末尾に追記）
...
auth_url = http://controller:35357
auth_plugin = password
project_domain_id = default
user_domain_id = default
region_name = RegionOne
project_name = service
username = nova
password = password      ← nova ユーザーのパスワード (6-2 で設定したもの)

[oslo_concurrency]
#lock_path = $state_path/lock      ←コメントアウト
lock_path = /var/lib/neutron/tmp  ←追記

[oslo_messaging_rabbit]（以下追記）
...
rabbit_host = controller
rabbit_userid = openstack
rabbit_password = password
```

[keystone_authtoken] セクションは追記した設定以外は取り除くかコメントアウトしてください。

次のコマンドを実行して正しく設定を行ったか確認します。

```
controller# less /etc/neutron/neutron.conf | grep -v "^\s*$" | grep -v "^\s*#"
```

- ML2 プラグインの設定

```
controller# vi /etc/neutron/plugins/ml2/ml2_conf.ini

[ml2]
...
type_drivers = flat,vxlan              ←追記
tenant_network_types = vxlan              ←追記
mechanism_drivers = linuxbridge,l2population   ←追記
extension_drivers = port_security              ←追記

[ml2_type_flat]
...
flat_networks = public                      ←追記

[ml2_type_vxlan]
...
vni_ranges = 1:1000                         ←追記

[securitygroup]
...
enable_ipset = True                         ←コメントをはずす
```

次のコマンドを実行して正しく設定を行ったか確認します。

```
controller# less /etc/neutron/plugins/ml2/ml2_conf.ini | grep -v "^\s*$" | grep -v
"^\s*#"
```

- Linux ブリッジエージェントの設定

パブリックネットワークに接続している側の NIC を指定します。本書では eth0 を指定します。

```
controller# vi /etc/neutron/plugins/ml2/linuxbridge_agent.ini

[linux_bridge]
physical_interface_mappings = public:eth0 ←追記
```

local_ip は、先に physical_interface_mapping に設定した NIC 側の IP アドレスを設定します。

```
[vxlan]
enable_vxlan = True                         ←コメントをはずす
local_ip = 10.0.0.101                       ←追記
l2_population = True                        ←追記
```

エージェントとセキュリティグループの設定を行います。

```
[agent]
...
prevent_arp_spoofing = True           ←追記
```

```
...
[securitygroup]
...
enable_security_group = True          ←コメントをはずす
firewall_driver = neutron.agent.linux.iptables_firewall.IptablesFirewallDriver
↑ 追記
```

次のコマンドを実行して正しく設定を行ったか確認します。

```
controller# less /etc/neutron/plugins/ml2/linuxbridge_agent.ini | grep -v "^\s*$" |
grep -v "^\s*#"
```

- Layer-3 エージェントの設定

単一のエージェントで複数の外部ネットワークを有効にするには、external_network_bridge を指定してはならないため、値を空白にします。

```
controller# vi /etc/neutron/l3_agent.ini

[DEFAULT]（最終行に以下を追記）
...
interface_driver = neutron.agent.linux.interface.BridgeInterfaceDriver
external_network_bridge =
```

- DHCP エージェントの設定

```
controller# vi /etc/neutron/dhcp_agent.ini

[DEFAULT]（最終行に以下を追記）
...
interface_driver = neutron.agent.linux.interface.BridgeInterfaceDriver
dhcp_driver = neutron.agent.linux.dhcp.Dnsmasq
enable_isolated_metadata = True
```

- dnsmasq の設定

一般的にデフォルトのイーサネットの MTU は 1500 に設定されています。通常の Ethernet フレームに VXLAN ヘッダが加算されるため、VXLAN を使う場合は少なくとも 50 バイト多い、1550 バイト以上の MTU が設定されていないと通信が不安定になったり、通信が不可能になる場合があります。これらはジャンボフレームを設定することで約 9000 バイトまでの MTU をサポートできるようになりますが、ジャンボフレーム非対応のネットワーク機器を使う場合や、ネットワーク機器の設定を変更できない場合は VXLAN の 50 バイトのオーバーヘッドを考慮して 1450 バイト以内の MTU に設定する必要があります。これらの制約事項は OpenStack

環境でも同様で、インスタンスを起動する際に MTU 1450 を設定することで、この問題を回避可能です。この設定はインスタンス起動毎に UserData を使って設定することも可能ですが、次のように設定しておくと仮想 DHCP サーバーで MTU の自動設定を行うことができるので便利です。

- DHCP エージェントに dnsmasq の設定を追記

```
controller# vi /etc/neutron/dhcp_agent.ini

[DEFAULT]
...
dnsmasq_config_file = /etc/neutron/dnsmasq-neutron.conf  ←追記
```

- DHCP オプションの 26 番 (MTU) を定義

```
controller# vi /etc/neutron/dnsmasq-neutron.conf

dhcp-option-force=26,1450
```

- Metadata エージェントの設定

インスタンスのメタデータサービスを提供する Metadata agent を設定します。

```
controller# vi /etc/neutron/metadata_agent.ini

[DEFAULT]
#auth_url = http://localhost:5000/v2.0      ←コメントアウト
auth_region = RegionOne
#admin_tenant_name = %SERVICE_TENANT_NAME%  ←コメントアウト
#admin_user = %SERVICE_USER%                ←コメントアウト
#admin_password = %SERVICE_PASSWORD%        ← コメントアウト
...
auth_uri = http://controller:5000           ←これ以下追記
auth_url = http://controller:35357
auth_plugin = password
project_domain_id = default
user_domain_id = default
project_name = service
username = neutron
password = password      ← neutron ユーザーのパスワード (9-2 で設定したもの)
nova_metadata_ip = controller  ← Metadata ホストを指定
metadata_proxy_shared_secret = METADATA_SECRET
```

Metadata agent の `metadata_proxy_shared_secret` に指定する値と、次の手順で Nova に設定する `metadata_proxy_shared_secret` が同じになるように設定します。任意の値を設定すれ

ば良いですが、思いつかない場合は次のように実行して生成した乱数を使うことも可能です。

```
controller# openssl rand -hex 10
```

次のコマンドを実行して正しく設定を行ったか確認します。

```
controller# less /etc/neutron/metadata_agent.ini | grep -v "^\s*$" | grep -v "^\s*#"
```

8.6　Novaの設定を変更

Novaの設定ファイルにNeutronの設定を追記します。

```
controller# vi /etc/nova/nova.conf

[neutron]
url = http://controller:9696
auth_url = http://controller:35357
auth_plugin = password
project_domain_id = default
user_domain_id = default
region_name = RegionOne
project_name = service
username = neutron
password = password         ← neutron ユーザーのパスワード (9-2 で設定したもの)

service_metadata_proxy = True
metadata_proxy_shared_secret = METADATA_SECRET
```

METADATA_SECRETはMetadataエージェントで指定した値に置き換えます。

次のコマンドを実行して正しく設定を行ったか確認します。

```
controller# less /etc/nova/nova.conf | grep -v "^\s*$" | grep -v "^\s*#"
```

8.7　データベースを作成

コマンドを実行して、エラーが出ないで完了することを確認します。

```
controller# su -s /bin/sh -c "neutron-db-manage --config-file
/etc/neutron/neutron.conf \
 --config-file /etc/neutron/plugins/ml2/ml2_conf.ini upgrade head" neutron

No handlers could be found for logger "neutron.quota"
INFO  [alembic.runtime.migration] Context impl MySQLImpl.
INFO  [alembic.runtime.migration] Will assume non-transactional DDL.
...
```

```
INFO  [alembic.runtime.migration] Running upgrade kilo -> c40fbb377ad, Initial
Liberty no-op script.
INFO  [alembic.runtime.migration] Running upgrade c40fbb377ad -> 4b47ea298795, add
reject rule
  OK
```

8.8　コントローラーノードのNeutronと関連サービスの再起動

設定を反映させるため、コントローラーノードの関連サービスを再起動します。

まずNova APIサービスを再起動します。

```
controller# service nova-api restart
```

次にNeutron関連サービスを再起動します。

```
controller# service neutron-server restart && service
neutron-plugin-linuxbridge-agent restart && service neutron-dhcp-agent restart &&
service neutron-metadata-agent restart && service neutron-l3-agent restart
```

8.9　ログの確認

ログを確認して、エラーが出力されていないことを確認します。

```
controller# tailf /var/log/nova/nova-api.log
controller# tailf /var/log/neutron/neutron-server.log
controller# tailf /var/log/neutron/neutron-metadata-agent.log
controller# tailf /var/log/neutron/neutron-plugin-linuxbridge-agent.log
```

8.10　使用しないデータベースファイル削除

```
controller# rm /var/lib/neutron/neutron.sqlite
```

第9章　Neutronのインストール・設定（コンピュートノード）

次にコンピュートノードの設定を行います。

9.1　パッケージのインストール

```
compute# apt-get install neutron-plugin-linuxbridge-agent
```

9.2　設定の変更

- Neutronの設定

```
compute# vi /etc/neutron/neutron.conf

[DEFAULT]
...
rpc_backend = rabbit                    ←コメントをはずす
auth_strategy = keystone                ←コメントをはずす

[keystone_authtoken]（既存の設定はコメントアウトし、以下を追記）
...
auth_uri = http://controller:5000
auth_url = http://controller:35357
auth_plugin = password
project_domain_id = default
user_domain_id = default
project_name = service
username = neutron
password = password          ← neutronユーザーのパスワード (9-2で設定したもの)
```

```
[database]
# This line MUST be changed to actually run the plugin.
# Example:
# connection = sqlite:////var/lib/neutron/neutron.sqlite    ← コメントアウト

[oslo_messaging_rabbit]
...
# fake_rabbit = false
rabbit_host = controller            ←追記
rabbit_userid = openstack           ←追記
rabbit_password = password          ←追記
```

本書の構成では、コンピュートノードの Neutron.conf にはデータベースの指定は不要です。次のコマンドを実行して正しく設定を行ったか確認します。

```
compute# less /etc/neutron/neutron.conf | grep -v "^\s*$" | grep -v "^\s*#"
```

- Linux ブリッジエージェントの設定

physical_interface_mappings にはパブリック側のネットワークに接続しているインターフェースを指定します。本書では eth0 を指定します。local_ip にはパブリック側に接続している NIC に設定している IP アドレスを指定します。

追記と書かれていない項目は設定があればコメントをはずして設定を変更、なければ追記してください。

```
compute# vi /etc/neutron/plugins/ml2/linuxbridge_agent.ini

[linux_bridge]
physical_interface_mappings = public:eth0

[vxlan]
enable_vxlan = True
local_ip = 10.0.0.102
l2_population = True

[agent]
...
prevent_arp_spoofing = True    ←追記

[securitygroup]
...
enable_security_group = True
firewall_driver = neutron.agent.linux.iptables_firewall.IptablesFirewallDriver
↑追記
```

次のコマンドを実行して正しく設定を行ったか確認します。

```
compute# less /etc/neutron/plugins/ml2/linuxbridge_agent.ini | grep -v "^\s*$" |
grep -v "^\s*#"
```

9.3 コンピュートノードのネットワーク設定

Neutron を利用するように Nova の設定ファイルの内容を変更します。

```
compute# vi /etc/nova/nova.conf

[neutron]
url = http://controller:9696
auth_url = http://controller:35357
auth_plugin = password
project_domain_id = default
user_domain_id = default
region_name = RegionOne
project_name = service
username = neutron
password = password          ← neutron ユーザーのパスワード (9-2 で設定したもの)
```

次のコマンドを実行して正しく設定を行ったか確認します。

```
compute# less /etc/nova/nova.conf | grep -v "^\s*$" | grep -v "^\s*#"
```

9.4 コンピュートノードの Neutron と関連サービスを再起動

ネットワーク設定を反映させるため、コンピュートノードの Neutron と関連のサービスを再起動します。

```
compute# service nova-compute restart && service neutron-plugin-linuxbridge-agent
restart
```

9.5 ログの確認

エラーが出ていないかログを確認します。

```
compute# tailf /var/log/nova/nova-compute.log
compute# tailf /var/log/neutron/neutron-plugin-linuxbridge-agent.log
```

9.6 Neutronサービスの動作を確認

neutron agent-list コマンドを実行して Neutron エージェントが正しく認識されており、稼働していることを確認します。

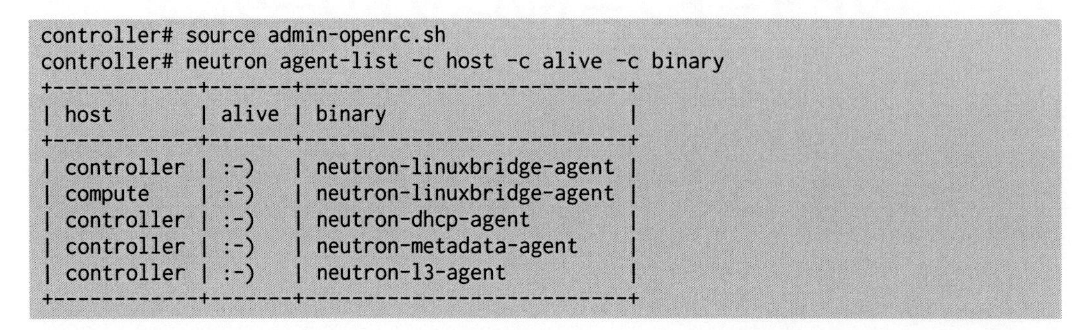

```
controller# source admin-openrc.sh
controller# neutron agent-list -c host -c alive -c binary
+------------+-------+---------------------------+
| host       | alive | binary                    |
+------------+-------+---------------------------+
| controller | :-)   | neutron-linuxbridge-agent |
| compute    | :-)   | neutron-linuxbridge-agent |
| controller | :-)   | neutron-dhcp-agent        |
| controller | :-)   | neutron-metadata-agent    |
| controller | :-)   | neutron-l3-agent          |
+------------+-------+---------------------------+
```

※コントローラーとコンピュートで追加され、neutron-linuxbridge-agent が正常に稼働していることが確認できれば問題ありません。念のためログも確認してください。

第10章　仮想ネットワーク設定（コントローラーノード）

OpenStack Neutron 環境が構築できたので、OpenStack 内で利用するネットワークを作成します。ネットワークは外部ネットワークと接続するためのパブリックネットワークと、インスタンス間やルーター、内部 DHCP サーバー間の通信に利用するインスタンス用ネットワークの 2 つを作成します。

パブリックネットワークは既存のネットワークから一定の範囲のネットワークを OpenStack に割り当てます。ネットワークのゲートウェイ IP アドレス、IP アドレスのセグメントと割り当てる IP アドレスの範囲を決めておく必要があります。例えば 192.168.1.0/24 というネットワークであればゲートウェイ IP アドレスは 192.168.1.1 か 192.168.1.254 がよく使われ、Windows なら ipconfig コマンド、Linux や UNIX では ifconfig コマンドで確認できます。パブリックネットワーク用に割り当てる IP アドレスの範囲については、そのネットワークで DHCP サーバーが動いている場合は DHCP サーバーが配る **IP アドレスの範囲を除いた**ネットワークを切り出して利用するようにしてください。

インスタンスにはインスタンス用ネットワークの範囲の IP アドレスが DHCP サーバーから DHCP Agent を介して割り当てられます。このインスタンスにパブリックネットワークの範囲から Floating IP アドレスを割り当てることで、NAT 接続でインスタンスが外部ネットワークとやり取りができるようになります。

10.1　パブリックネットワークの設定

admin環境変数ファイルの読み込み

まずはFloating IPアドレス割り当て用のネットワークである、パブリックネットワークをadmin権限で作成するためにadmin環境変数を読み込みます。

```
controller# source admin-openrc.sh
```

パブリックネットワークの作成

ext-netと言う名前でパブリックネットワークを作成します。provider:physical_networkで指定する設定は/etc/neutron/plugins/ml2/linuxbridge_agent.iniのphysical_interface_mappingsに指定した値を設定します。例えばpublic:eth0と設定した場合はpublicを指定します。

```
controller(admin)# neutron net-create ext-net --router:external \
 --provider:physical_network public --provider:network_type flat

Created a new network:
+---------------------------+--------------------------------------+
| Field                     | Value                                |
+---------------------------+--------------------------------------+
| admin_state_up            | True                                 |
| id                        | 78983ca2-77e3-4cdf-9747-ae1b34addeb7 |
| mtu                       | 0                                    |
| name                      | ext-net                              |
| port_security_enabled     | True                                 |
| provider:network_type     | flat                                 |
| provider:physical_network | public                               |
| provider:segmentation_id  |                                      |
| router:external           | True                                 |
| shared                    | False                                |
| status                    | ACTIVE                               |
| subnets                   |                                      |
| tenant_id                 | e7a1bb2fb5a1488fbdd761136d0d9daa     |
+---------------------------+--------------------------------------+
```

パブリックネットワーク用サブネットの作成

ext-subnetという名前でパブリックネットワーク用サブネットを作成します。allocation-poolにはFloatingIPアドレスとして利用するネットワークの範囲、gatewayには指定した範囲のネットワークのゲートウェイIPアドレスとネットワークセグメントを指定します。

```
controller(admin)# neutron subnet-create ext-net --name ext-subnet \
  --allocation-pool start=10.0.0.200,end=10.0.0.250 \
  --disable-dhcp --gateway 10.0.0.1 10.0.0.0/24

Created a new subnet:
+-------------------+---------------------------------------------------+
| Field             | Value                                             |
+-------------------+---------------------------------------------------+
| allocation_pools  | {"start": "10.0.0.200", "end": "10.0.0.250"}      |
| cidr              | 10.0.0.0/24                                       |
| dns_nameservers   |                                                   |
| enable_dhcp       | False                                             |
| gateway_ip        | 10.0.0.1                                          |
| host_routes       |                                                   |
| id                | ae350158-4b24-4731-8242-e3069785d322              |
| ip_version        | 4                                                 |
| ipv6_address_mode |                                                   |
| ipv6_ra_mode      |                                                   |
| name              | ext-subnet                                        |
| network_id        | 78983ca2-77e3-4cdf-9747-ae1b34addeb7              |
| subnetpool_id     |                                                   |
| tenant_id         | e7a1bb2fb5a1488fbdd761136d0d9daa                  |
+-------------------+---------------------------------------------------+
```

10.2 インスタンス用ネットワークの設定

demo ユーザーと環境変数ファイルの読み込み

次にインスタンス用ネットワークを作成します。インスタンス用ネットワークを作成するために demo 環境変数を読み込みます。

```
controller# source demo-openrc.sh
```

インスタンス用ネットワークの作成

demo-net という名前でインスタンス用ネットワークを作成します。

```
controller(demo)# neutron net-create demo-net
Created a new network:
+-----------------------+--------------------------------------+
| Field                 | Value                                |
+-----------------------+--------------------------------------+
| admin_state_up        | True                                 |
| id                    | 5b6a8b87-fd03-46b5-a968-72bac5091b7c |
| mtu                   | 0                                    |
```

```
| name                  | demo-net                             |
| port_security_enabled | True                                 |
| router:external       | False                                |
| shared                | False                                |
| status                | ACTIVE                               |
| subnets               |                                      |
| tenant_id             | b93bc87be9ed41219e8f9c8b5b74dea2     |
+-----------------------+--------------------------------------+
```

インスタンス用ネットワークのサブネットを作成

demo-subnet という名前でインスタンス用ネットワークサブネットを作成します。

gateway には指定したインスタンス用ネットワークのサブネットの範囲から任意の IP アドレスを指定します。第 4 オクテットとして 1 を指定した IP アドレスを設定するのが一般的です。ここでは 192.168.0.0/24 のネットワークをインスタンス用ネットワークとして定義し、ゲートウェイ IP として 192.168.0.1 を設定しています。

dns-nameserver には外部ネットワークに接続する場合に名前引きするための DNS サーバーを指定します。ここでは Google Public DNS の 8.8.8.8 を指定していますが、外部の名前解決ができる DNS サーバーであれば何を指定しても構いません。

インスタンス用ネットワーク内で DHCP サーバーが稼働し、インスタンスが起動した時にその DHCP サーバーが dns-nameserver に指定した DNS サーバーと 192.168.0.0/24 の範囲から IP アドレスを確保してインスタンスに割り当てます。

```
controller(demo)# neutron subnet-create demo-net 192.168.0.0/24 \
--name demo-subnet --gateway 192.168.0.1 --dns-nameserver 8.8.8.8
Created a new subnet:
+-------------------+--------------------------------------------------+
| Field             | Value                                            |
+-------------------+--------------------------------------------------+
| allocation_pools  | {"start": "192.168.0.2", "end": "192.168.0.254"} |
| cidr              | 192.168.0.0/24                                   |
| dns_nameservers   | 8.8.8.8                                          |
| enable_dhcp       | True                                             |
| gateway_ip        | 192.168.0.1                                      |
| host_routes       |                                                  |
| id                | ed0190db-1f51-40e0-babe-3c71fa541f40             |
| ip_version        | 4                                                |
| ipv6_address_mode |                                                  |
| ipv6_ra_mode      |                                                  |
| name              | demo-subnet                                      |
| network_id        | 5b6a8b87-fd03-46b5-a968-72bac5091b7c             |
| subnetpool_id     |                                                  |
| tenant_id         | b93bc87be9ed41219e8f9c8b5b74dea2                 |
+-------------------+--------------------------------------------------+
```

10.3　仮想ネットワークルーターの設定

仮想ネットワークルーターを作成して外部接続用ネットワークとインスタンス用ネットワークをルーターに接続し、双方でデータのやり取りを行えるようにします。

demo-router を作成

仮想ネットワークルーターを作成します。

```
controller(demo)# neutron router-create demo-router
Created a new router:
+-----------------------+--------------------------------------+
| Field                 | Value                                |
+-----------------------+--------------------------------------+
| admin_state_up        | True                                 |
| external_gateway_info |                                      |
| id                    | 006df4cc-6fb2-40e7-af58-dc68b6755165 |
| name                  | demo-router                          |
| routes                |                                      |
| status                | ACTIVE                               |
| tenant_id             | b93bc87be9ed41219e8f9c8b5b74dea2     |
+-----------------------+--------------------------------------+
```

demo-router にサブネットを追加

仮想ネットワークルーターにインスタンス用ネットワークを接続します。

```
controller(demo)# neutron router-interface-add demo-router demo-subnet
Added interface 7337070d-455f-406d-8ebd-24dba7deea3a to router demo-router.
```

demo-router にゲートウェイを追加

仮想ネットワークルーターに外部ネットワークを接続します。

```
controller(demo)# neutron router-gateway-set demo-router ext-net
Set gateway for router demo-router
```

10.4　ネットワークの確認

- 仮想ルーターのゲートウェイ IP アドレスの確認

neutron router-port-list コマンドを実行すると、仮想ルーターのそれぞれのポートに割り当てられた IP アドレスを確認できます。コマンドの実行結果から 192.168.0.1 がインスタンスネットワーク側ゲートウェイIPアドレス、10.0.0.200がパブリックネットワーク側ゲートウェイIPアドレスであることがわかります。

作成したネットワークの確認のために、外部PCからパブリックネットワーク側ゲートウェイIPアドレスにpingを飛ばしてみましょう。問題なければ仮想ルーターと外部ネットワークとの接続ができていると判断できます。

```
controller(admin)# source admin-openrc.sh
controller(admin)# neutron router-port-list demo-router -c fixed_ips --max-width 30
+-------------------------------+
| fixed_ips                     |
+-------------------------------+
| {"subnet_id": "ed0190db-      |
| 1f51-40e0-babe-3c71fa541f40", |
| "ip_address": "192.168.0.1"}  |
| {"subnet_id": "ae350158-4b24-4 |
| 731-8242-e3069785d322",       |
| "ip_address": "10.0.0.200"} |
+-------------------------------+

# ping -c3 10.0.0.200|grep "packet loss"
3 packets transmitted, 3 received, 0% packet loss, time 1999ms
(ルーターゲートウェイ宛に各ノードから ping コマンドの実行)
```

※応答が返ってくれば問題ありません。

このドキュメントの構成ではcore-network-daemonというパッケージをコントローラーノードにインストールすると、従来のOpen vSwitchのようにlinuxbridgeの中をのぞくことができ、仮想ルーターと仮想DHCPサーバーの状態を確認できます。接続がうまくいかない場合にお試しください。

```
controller# ip netns
qdhcp-5b6a8b87-fd03-46b5-a968-72bac5091b7c
qrouter-006df4cc-6fb2-40e7-af58-dc68b6755165
(仮想ルーターと仮想 DHCP サーバーを確認)
...
controller# ip netns exec `ip netns|grep qrouter*` bash
(qrouter にログイン)
...
controller# ip -f inet addr
1: lo: <LOOPBACK,UP,LOWER_UP> mtu 65536 qdisc noqueue state UNKNOWN group default
    inet 127.0.0.1/8 scope host lo
       valid_lft forever preferred_lft forever
2: qr-7337070d-45: <BROADCAST,MULTICAST,UP,LOWER_UP> mtu 1500 qdisc pfifo_fast state
UP group default qlen 1000
    inet 192.168.0.1/24 brd 192.168.0.255 scope global qr-7337070d-45
       valid_lft forever preferred_lft forever
3: qg-9477c16b-e5: <BROADCAST,MULTICAST,UP,LOWER_UP> mtu 1500 qdisc pfifo_fast state
UP group default qlen 1000
```

```
    inet 10.0.0.200/24 brd 10.0.0.255 scope global qg-9477c16b-e5
       valid_lft forever preferred_lft forever
(ネットワークデバイスと IP アドレスを表示)
...
controller# ping 8.8.8.8 -I qg-9477c16b-e5
(Public 側から外にアクセスできることを確認)
```

10.5　インスタンスの起動を確認

起動イメージ、コンピュート、Neutron ネットワークといった OpenStack の最低限の構成ができあがったので、ここで OpenStack 環境がうまく動作しているか確認しましょう。まずはコマンドを使ってインスタンスを起動するために必要な情報を集める所から始めます。環境設定ファイルを読み込んで、各コマンドを実行し、情報を集めてください。

```
controller# source demo-openrc.sh
controller(demo)# openstack image list
(起動イメージ一覧を表示)
+--------------------------------------+---------------------+
| ID                                   | Name                |
+--------------------------------------+---------------------+
| debb1779-fb3c-42a7-aa18-4f6d0c9446f7 | cirros-0.3.4-x86_64 |
+--------------------------------------+---------------------+

controller(demo)# openstack network list -c ID -c Name
(ネットワーク一覧を表示)
+--------------------------------------+----------+
| ID                                   | Name     |
+--------------------------------------+----------+
| 78983ca2-77e3-4cdf-9747-ae1b34addeb7 | ext-net  |
| 5b6a8b87-fd03-46b5-a968-72bac5091b7c | demo-net |
+--------------------------------------+----------+

controller(demo)# openstack security group list -c ID -c Name
(セキュリティグループ一覧を表示)
+--------------------------------------+---------+
| ID                                   | Name    |
+--------------------------------------+---------+
| 978dc272-58b0-4a7d-b232-30771e9fa7c2 | default |
+--------------------------------------+---------+

controller(demo)# openstack flavor list -c Name -c Disk
(フレーバー一覧を表示)
+-----------+------+
| Name      | Disk |
+-----------+------+
| m1.tiny   |    1 |
| m1.small  |   20 |
```

```
| m1.medium |   40 |
| m1.large  |   80 |
| m1.xlarge |  160 |
+-----------+------+
```

nova boot コマンドを使って、インスタンスを起動します。正常に起動したら nova delete コマンドでインスタンスを削除してください。

```
controller(demo)# nova boot --flavor m1.tiny --image "cirros-0.3.4-x86_64" --nic
net-id=5b6a8b87-fd03-46b5-a968-72bac5091b7c --security-group
978dc272-58b0-4a7d-b232-30771e9fa7c2 vm1
(インスタンスを起動)

controller(demo)# watch nova list
(インスタンス一覧を表示)
+--------------------------------------+------+--------+------------+-------------+--
| ID                                   | Name | Status | Task State | Power State |
Networks              |
+--------------------------------------+------+--------+------------+-------------+--
| 5eddf2a7-0287-46ef-b656-18ff51f1c605 | vm1  | ACTIVE | -          | Running     |
demo-net=192.168.0.6 |
+--------------------------------------+------+--------+------------+-------------+--

# grep "ERROR\|WARNING" /var/log/rabbitmq/*.log
# grep "ERROR\|WARNING" /var/log/neutron/*
# grep "ERROR\|WARNING" /var/log/nova/*
(各ノードの関連サービスでエラーが出ていないことを確認)

controller(demo)# nova delete vm1
Request to delete server vm1 has been accepted.
(起動したインスタンスを削除)
```

第11章　Cinderのインストール（コントローラーノード）

11.1　データベースを作成

MariaDBのデータベースにCinderのデータベースを作成します。

```
controller# mysql -u root -p << EOF
CREATE DATABASE cinder;
GRANT ALL PRIVILEGES ON cinder.* TO 'cinder'@'localhost' \
  IDENTIFIED BY 'password';
GRANT ALL PRIVILEGES ON cinder.* TO 'cinder'@'%' \
  IDENTIFIED BY 'password';
EOF
Enter password: ←MariaDBのrootパスワードpasswordを入力
```

11.2　データベースの確認

MariaDBにCinderのデータベースが登録されたか確認します。

```
controller# mysql -u cinder -p
Enter password: ← MariaDBのcinderパスワードpasswordを入力
...
Type 'help;' or '\h' for help. Type '\c' to clear the current input statement.

MariaDB [(none)]> show databases;
+--------------------+
| Database           |
+--------------------+
| information_schema |
| cinder             |
+--------------------+
```

```
2 rows in set (0.00 sec)
```

※ユーザー cinder でログイン可能でデータベースの閲覧が可能なら問題ありません。

11.3　Cinder サービスなどの作成

- admin 環境変数を読み込み

```
controller# source admin-openrc.sh
```

- cinder ユーザーの作成

```
controller# openstack user create --password-prompt cinder
User Password: password  ← cinder ユーザーのパスワードを設定 (本書は password を設定)
Repeat User Password: password
+-----------+----------------------------------+
| Field     | Value                            |
+-----------+----------------------------------+
| domain_id | default                          |
| enabled   | True                             |
| id        | c5832de55fd6406f8faa6df5cb2c3bca |
| name      | cinder                           |
+-----------+----------------------------------+
```

- cinder ユーザーを admin ロールに追加

```
controller# openstack role add --project service --user cinder admin
```

- cinder サービスの作成

```
controller# openstack service create --name cinder \
--description "OpenStack Block Storage" volume
+-------------+----------------------------------+
| Field       | Value                            |
+-------------+----------------------------------+
| description | OpenStack Block Storage          |
| enabled     | True                             |
| id          | b40b3624f21d40f786347cb706741fc1 |
| name        | cinder                           |
| type        | volume                           |
+-------------+----------------------------------+

controller# openstack service create --name cinderv2 \
```

```
--description "OpenStack Block Storage" volumev2
+-------------+----------------------------------+
| Field       | Value                            |
+-------------+----------------------------------+
| description | OpenStack Block Storage          |
| enabled     | True                             |
| id          | ed76fc5250de43bd8cf428fbf1e9b9c6 |
| name        | cinderv2                         |
| type        | volumev2                         |
+-------------+----------------------------------+
```

- Block Storage サービスの API エンドポイントを作成

```
controller# openstack endpoint create --region RegionOne \
  volume public http://controller:8776/v1/%\(tenant_id\)s
controller# openstack endpoint create --region RegionOne \
  volume internal http://controller:8776/v1/%\(tenant_id\)s
controller# openstack endpoint create --region RegionOne \
  volume admin http://controller:8776/v1/%\(tenant_id\)s
```

```
controller# openstack endpoint create --region RegionOne \
  volumev2 public http://controller:8776/v2/%\(tenant_id\)s
controller# openstack endpoint create --region RegionOne \
  volumev2 internal http://controller:8776/v2/%\(tenant_id\)s
controller# openstack endpoint create --region RegionOne \
  volumev2 admin http://controller:8776/v2/%\(tenant_id\)s
```

11.4 パッケージのインストール

本書では Block Storage コントローラーと Block Storage ボリュームコンポーネントを一台のマシンで構築するため、両方の役割をインストールします。

```
controller# apt-get install -y lvm2 cinder-api cinder-scheduler cinder-volume
python-mysqldb python-cinderclient
```

11.5 Cinder の設定を変更

```
controller# vi /etc/cinder/cinder.conf

[DEFAULT]
...
auth_strategy = keystone        ←確認
```

```
#lock_path = /var/lock/cinder ←コメントアウト

↓↓ 以下追記 ↓↓

rpc_backend = rabbit

my_ip = 10.0.0.101    #コントローラーノード
enabled_backends = lvm
glance_host = controller

[oslo_messaging_rabbit]
rabbit_host = controller
rabbit_userid = openstack
rabbit_password = password

[oslo_concurrency]
lock_path = /var/lib/cinder/tmp

[database]
connection = mysql+pymysql://cinder:password@controller/cinder

[keystone_authtoken]
auth_uri = http://controller:5000
auth_url = http://controller:35357
auth_plugin = password
project_domain_id = default
user_domain_id = default
project_name = service
username = cinder
password = password         ←cinderユーザーのパスワード(12-2で設定したもの)

[lvm]
volume_driver = cinder.volume.drivers.lvm.LVMVolumeDriver
volume_group = cinder-volumes
iscsi_protocol = iscsi
iscsi_helper = tgtadm
```

次のコマンドを実行して正しく設定を行ったか確認します。

```
controller# less /etc/cinder/cinder.conf | grep -v "^\s*$" | grep -v "^\s*#"
```

11.6 データベースに表を作成

```
controller# su -s /bin/sh -c "cinder-manage db sync" cinder
```

11.7　Cinder サービスの再起動

設定を反映させるために、Cinder のサービスを再起動します。

```
controller# service cinder-scheduler restart && service cinder-api restart
```

11.8　使用しないデータベースファイルを削除

```
controller# rm /var/lib/cinder/cinder.sqlite
```

11.9　イメージ格納用ボリュームの作成

イメージ格納用ボリュームを設定するために物理ボリュームの設定、ボリュームの作成を行います。

物理ボリュームを追加

本書ではコントローラーノードにハードディスクを追加して、そのボリュームを Cinder 用ボリュームとして使います。コントローラーノードを一旦シャットダウンしてからハードディスクを増設し、再起動してください。新しい増設したディスクは dmesg コマンドなどを使って確認できます。

```
controller# dmesg |grep sd|grep "logical blocks"
[    1.361779] sd 2:0:0:0: [sda] 62914560 512-byte logical blocks: (32.2 GB/30.0
GiB)  ↑システムディスク
[    1.362105] sd 2:0:1:0: [sdb] 33554432 512-byte logical blocks: (17.1 GB/16.0
GiB)  ↑追加ディスク
```

仮想マシンにハードディスクを増設した場合は/dev/vdb などのようにデバイス名が異なる場合があります。

物理ボリュームを設定

以下コマンドで物理ボリュームを作成します。

- LVM 物理ボリュームの作成

```
controller# pvcreate /dev/sdb
  Physical volume "/dev/sdb" successfully created
```

- LVM ボリュームグループの作成

```
controller# vgcreate cinder-volumes /dev/sdb
  Volume group "cinder-volumes" successfully created
```

- /etc/lvm/lvm.conf にデバイスを指定

```
devices {
...
filter = [ "a/sdb/", "r/.*/"]
```

Cinder-Volume サービスの再起動

Cinder ストレージの設定を反映させるために、Cinder-Volume のサービスを再起動します。

```
controller# service cinder-volume restart && service tgt restart
```

admin 環境変数設定ファイルを読み込み

admin のみ実行可能なコマンドを実行するために、admin 環境変数を読み込みます。

```
controller# source admin-openrc.sh
```

Cinder サービスの確認

以下コマンドで Cinder サービスの一覧を表示し、正常に動作していることを確認します。

```
controller# cinder service-list
+------------------+--------------------+------+---------+-------+------------------
|      Binary      |        Host        | Zone |  Status | State |         Updated_at
| Disabled Reason |
+------------------+--------------------+------+---------+-------+------------------
| cinder-scheduler |    controller    | nova | enabled |   up   |
2015-11-13T09:25:51.000000 |         -         |
|  cinder-volume    | controller@lvm | nova | enabled |   up   |
2015-11-13T09:25:51.000000 |         -         |
+------------------+--------------------+------+---------+-------+------------------
```

Cinder ボリュームの作成を試行

以下コマンドで Cinder ボリュームを作成し、正常に Cinder が動作していることを確認します。

```
controller# openstack volume create --size 1 volume
(1GB のストレージを作成)
controller# openstack volume list -c "Display Name" -c "Size"
+--------------+------+
| Display Name | Size |
+--------------+------+
| volume       |    1 |
+--------------+------+
```

第12章　Dashboardインストール・確認（コントローラーノード）

クライアントマシンからブラウザーでOpenStack環境を操作可能なWebインターフェースをインストールします。

12.1　パッケージのインストール

コントローラーノードにDashboardをインストールします。

```
controller# apt-get install -y openstack-dashboard
```

12.2　Dashboardの設定を変更

インストールしたDashboardの設定を変更します。

```
controller# vi /etc/openstack-dashboard/local_settings.py

...
OPENSTACK_HOST = "controller"      ←変更
ALLOWED_HOSTS = '*'                ←確認

CACHES = {                         ←確認
'default': {
'BACKEND': 'django.core.cache.backends.memcached.MemcachedCache',
'LOCATION': '127.0.0.1:11211',
   }
}

OPENSTACK_KEYSTONE_DEFAULT_ROLE = "user"  ← 変更
```

次のコマンドを実行して正しく設定を行ったか確認します。

```
controller# less /etc/openstack-dashboard/local_settings.py  | grep -v "^\s*$" |
grep -v "^\s*#"
```

念のため、リダイレクトするように設定しておきます（数字は待ち時間）。

```
controller# vi /var/www/html/index.html
...
  <head>
    <meta http-equiv="Content-Type" content="text/html; charset=UTF-8" />
    <meta http-equiv="refresh" content="3; url=/horizon" />    ← 追記
```

変更した変更を反映させるため、Apache とセッションストレージサービスを再起動します。

```
controller# service apache2 reload
```

12.3　Dashboard にアクセス

コントローラーノードとネットワーク的に接続されているマシンからブラウザーで以下 URL に接続して OpenStack のログイン画面が表示されるか確認します。

※ブラウザーで接続するマシンは予め DNS もしくは/etc/hosts にコントローラーノードの IP を記述しておく等コンピュートノードの名前解決を行っておく必要があります。

```
http://controller/horizon/
```

※上記 URL にアクセスしてログイン画面が表示され、ユーザー admin と demo（パスワード:password）でログインできれば問題ありません。

12.4　セキュリティグループの設定

OpenStack の上で動かすインスタンスのファイアウォール設定は、セキュリティグループで行います。ログイン後、次の手順でセキュリティグループを設定できます。

1.demo ユーザーでログイン
 2.「プロジェクト→コンピュート→アクセスとセキュリティ」を選択
 3.「ルールの管理」ボタンをクリック
 4.「ルールの追加」で許可するルールを定義
 5.「追加」ボタンをクリック

インスタンスに対して Ping を実行したい場合はルールとしてすべての ICMP を、インスタンスに SSH 接続したい場合は SSH をルールとしてセキュリティグループに追加してください。

セキュリティグループは複数作成できます。作成したセキュリティグループをインスタンスを起動する際に選択することで、セキュリティグループで定義したポートを解放したり、拒否したり、接続できるクライアントを制限できます。

12.5 キーペアの作成

OpenStack ではインスタンスへのアクセスはデフォルトで公開鍵認証方式で行います。次の手順でキーペアを作成できます。

1.demo ユーザーでログイン 2.「プロジェクト→コンピュート→アクセスとセキュリティ」をクリック 3.「キーペア」タブをクリック 4.「キーペアの作成」ボタンをクリック 5. キーペア名を入力 6.「キーペアの作成」ボタンをクリック 7. キーペア（拡張子:pem）ファイルをダウンロード

12.6 インスタンスの起動

前の手順で Glance に CirrOS イメージを登録していますので、早速構築した OpenStack 環境上でインスタンスを起動してみましょう。

1.demo ユーザーでログイン 2.「プロジェクト→コンピュート→イメージ」をクリック 3. イメージ一覧から起動する OS イメージを選び、「インスタンスの起動」ボタンをクリック 4.「インスタンスの起動」詳細タブで起動するインスタンス名、フレーバー、インスタンス数を設定 5. アクセスとセキュリティタブで割り当てるキーペア、セキュリティグループを設定 6. ネットワークタブで割り当てるネットワークを設定 7. 作成後タブで必要に応じてユーザーデータの入力（オプション）8. 高度な設定タブでパーティションなどの構成を設定（オプション）9. 右下の「起動」ボタンをクリック

12.7 Floating IPの設定

起動したインスタンスに Floating IP アドレスを設定することで、Dashboard のコンソール以外からインスタンスにアクセスできるようになります。インスタンスに Floating IP を割り当てるには次の手順で行います。

1.demo ユーザーでログイン 2.「プロジェクト→コンピュート→インスタンス」をクリック 3. インスタンスの一覧から割り当てるインスタンスをクリック 4. アクションメニューから「Floating IP の割り当て」をクリック 5.「Floating IP 割り当ての管理」画面の IP アドレスで「+」ボタンをクリック 6. 右下の「IP の確保」ボタンをクリック 7. 割り当てる IP アドレスとイ

ンスタンスを選択して右下の「割り当て」ボタンをクリック

12.8　インスタンスへのアクセス

Floating IP を割り当てて、かつセキュリティグループの設定を適切に行っていれば、リモートアクセスできるようになります。セキュリティグループで SSH を許可した場合、端末から SSH 接続が可能になります（下記は実行例）。

```
client$ ssh -i mykey.pem cloud-user@instance-floating-ip
```

その他、適切なポートを開放してインスタンスへの Ping を許可したり、インスタンスで Web サーバーを起動して外部 PC からアクセスしてみましょう。

第II部

監視環境 構築編

第13章　Zabbixのインストール

Zabbix は Zabbix SIA 社が提供するパッケージを使う方法と Canonical Ubuntu が提供するパッケージを使う方法がありますが、今回は新たなリポジトリー追加が不要な Ubuntu が提供する標準パッケージを使って、Zabbix が動作する環境を作っていきましょう。

なお、Ubuntu の Zabbix 関連のパッケージは universe リポジトリーで管理されています。universe リポジトリーを参照するように/etc/apt/sources.list を設定する必要があります。次のように実行して同じような結果が出力されれば、universe リポジトリーが参照できるように設定されていると判断できます。

```
# apt-cache policy zabbix-server-mysql
zabbix-server-mysql:
  Installed: (none)
  Candidate: 1:2.2.2+dfsg-1ubuntu1
  Version table:
     1:2.2.2+dfsg-1ubuntu1 0
        500 http://us.archive.ubuntu.com/ubuntu/ trusty/universe amd64 Packages
```

本例では Zabbix を Ubuntu Server 14.04.3 上にオールインワン構成でセットアップする手順を示します。

13.1　パッケージのインストール

次のコマンドを実行し、Zabbix および Zabbix の稼働に必要となるパッケージ群をインストールします。

```
zabbix# apt-get install -y php5-mysql zabbix-agent zabbix-server-mysql \
 zabbix-java-gateway zabbix-frontend-php
```

13.2　Zabbix 用データベースの作成

データベースの作成

次のコマンドを実行し、Zabbix 用 MySQL ユーザおよびデータベースを作成します。

```
zabbix# mysql -u root -p << EOF
CREATE DATABASE zabbix CHARACTER SET UTF8;
GRANT ALL PRIVILEGES ON zabbix.* TO 'zabbix'@'localhost' \
  IDENTIFIED BY 'zabbix';
EOF
Enter password: ← MySQL の root パスワードを入力 (16-1 で設定したもの)
```

次のコマンドを実行し、Zabbix 用データベースにテーブル等のデータベースオブジェクトを作成します。

```
zabbix# cd /usr/share/zabbix-server-mysql/
zabbix# zcat schema.sql.gz | mysql zabbix -uzabbix -pzabbix
zabbix# zcat images.sql.gz | mysql zabbix -uzabbix -pzabbix
zabbix# zcat data.sql.gz | mysql zabbix -uzabbix -pzabbix
```

データベースの確認

作成したデータベーステーブルにアクセスしてみましょう。zabbix データベースに様々なテーブルがあり、参照できれば問題ありません。

```
zabbix# mysql -u root -p
Enter password:          ← パスワード zabbix を入力
mysql> show databases;
+--------------------+
| Database           |
+--------------------+
| information_schema |
| zabbix             |
+--------------------+
2 rows in set (0.00 sec)
mysql> use zabbix;
mysql> show tables;
+-----------------------+
| Tables_in_zabbix      |
+-----------------------+
| acknowledges          |
```

```
| actions                  |
| alerts                   |
...

mysql> describe acknowledges;
+---------------+---------------------+------+-----+---------+-------+
| Field         | Type                | Null | Key | Default | Extra |
+---------------+---------------------+------+-----+---------+-------+
| acknowledgeid | bigint(20) unsigned | NO   | PRI | NULL    |       |
| userid        | bigint(20) unsigned | NO   | MUL | NULL    |       |
| eventid       | bigint(20) unsigned | NO   | MUL | NULL    |       |
| clock         | int(11)             | NO   | MUL | 0       |       |
| message       | varchar(255)        | NO   |     |         |       |
+---------------+---------------------+------+-----+---------+-------+
5 rows in set (0.01 sec)
```

13.3 Zabbix サーバーの設定および起動

/etc/zabbix/zabbix_server.conf を編集し、次の行を追加します。なお、MySQL ユーザ zabbix のパスワードを別の文字列に変更した場合は、該当文字列を指定する必要があります。

```
zabbix# vi /etc/zabbix/zabbix_server.conf
...
DBPassword=zabbix
```

/etc/default/zabbix-server を編集し、起動可能にします。

```
zabbix# vi /etc/default/zabbix-server
...
# Instructions on how to set up the database can be found in
# /usr/share/doc/zabbix-server-mysql/README.Debian
START=yes                          ← no から yes に変更
```

以上の操作を行ったのち、サービス zabbix-server を起動します。

```
zabbix# service zabbix-server restart
```

13.4 Zabbix frontend の設定および起動

PHP の設定を Zabbix が動作するように修正するため、/etc/php5/apache2/php.ini を編集します。

```
zabbix# vi /etc/php5/apache2/php.ini

[PHP]
...
post_max_size = 16M            ← 変更
max_execution_time = 300       ← 変更
max_input_time = 300           ← 変更

[Date]
date.timezone = Asia/Tokyo     ← 変更
```

Zabbix frontend へアクセスできるよう、設定ファイルをコピーします。

```
zabbix# cp -p /usr/share/doc/zabbix-frontend-php/examples/apache.conf
/etc/apache2/conf-enabled/zabbix.conf
```

これまでの設定変更を反映させるため、サービス Apache2 をリロードします。

```
zabbix# service apache2 reload
```

次に、Zabbix frontend の接続設定を行います。次のコマンドを実行し、一時的に権限を変更します。

```
zabbix# chmod 775 /etc/zabbix
zabbix# chgrp www-data /etc/zabbix
```

Web ブラウザーで Zabbix frontend へアクセスします。画面指示に従い、Zabbix の初期設定を行います。

```
http://<Zabbix frontend の IP アドレス>/zabbix/
```

次のような画面が表示されます。「Next」ボタンをクリックして次に進みます。

- 「2. Check of pre-requisites」は、システム要件を満たしている（すべて OK となっている）ことを確認します。
- 「3. Configure DB connection」は次のように入力し、「Test connection」ボタンを押して OK となることを確認します。

項目	設定値
Database type	MySQL
Database host	localhost
Database Port	0
Database name	zabbix
User	zabbix
Password	zabbix

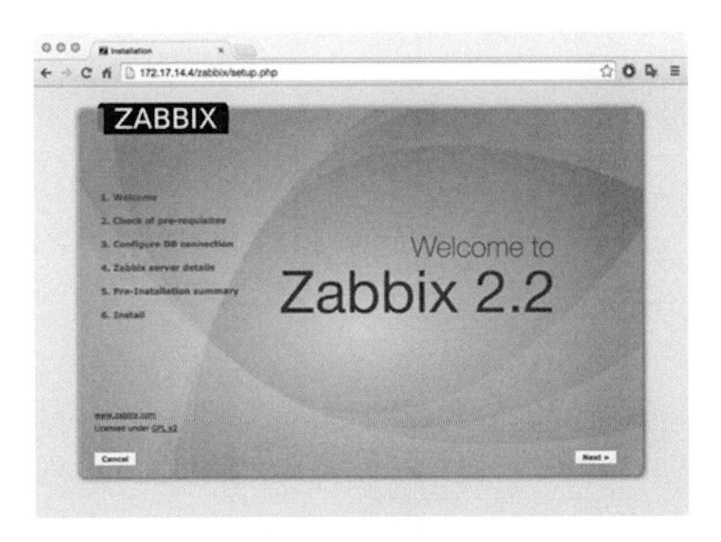

図 13.1　Zabbix 初期セットアップ

- 「4. Zabbix server details」は Zabbix Server のインストール場所の指定です。本例ではそのまま次に進みます。
- 「5. Pre-Installation summary」で設定を確認し、問題なければ次に進みます。
- 「6. Install」で設定ファイルのパスが表示されるので確認し「Finish」ボタンをクリックします（/etc/zabbix/zabbix.conf.php)。
- ログイン画面が表示されるので、Admin/zabbix（初期パスワード）でログインします。

Zabbix の初期セットアップ終了後にログイン画面が表示されますので、実際に運用開始する前に次のコマンドを実行して権限を元に戻します。

```
zabbix# chmod 755 /etc/zabbix
zabbix# chgrp root /etc/zabbix
```

第14章　Hatoholのインストール

Hatohol は CentOS6.5 以降、Ubuntu Server 12.04 および 14.04 などで動作します。本例ではHatohol を CentOS 7 上にオールインワン構成でセットアップする手順を示します。

図 14.1　Hatohol ダッシュボード

14.1　インストール

1. Hatohol をインストールするために、Project Hatohol 公式の YUM リポジトリーを登録します。

```
hatohol# wget -P /etc/yum.repos.d/
http://project-hatohol.github.io/repo/hatohol-el7.repo
```

2. EPEL リポジトリー上のパッケージのインストールをサポートするため、EPEL パッケージを追加インストールします。

```
hatohol# yum install -y epel-release
hatohol# yum update
```

3. Hatohol サーバーをインストールします。

```
hatohol# yum -y install hatohol-server
```

4. Hatohol Web Frontend をインストールします。

```
hatohol# yum install -y hatohol-web
```

5. 必要となる追加パッケージをインストールします。

```
hatohol# yum install -y mariadb-server qpid-cpp-server
```

14.2　セットアップ

まず、hatohol にインストールしたローカルの MariaDB サーバー関連の設定を行います。

1. MariaDB サーバーの起動

```
hatohol# systemctl enable mariadb
hatohol# systemctl start mariadb
```

2. root ユーザーのパスワードを設定

インストール直後は root ユーザーのパスワードは設定されないため、次のコマンドを使って root パスワードの設定を行います。この後の設定は適宜実施します。

```
hatohol# mysql_secure_installation
...
Enter current password for root (enter for none): ←Enter キーを押す
Change the root password? [Y/n]  y
```

3. Hatohol DB の初期化

```
hatohol# hatohol-db-initiator --db_user <MariaDB の root ユーザー名> --db_password
<MariaDB の root パスワード>
```

そのまま上記コマンドを実行した場合、MySQL ユーザ hatohol、データベース hatohol が作成されます。これらを変更する場合、事前に/etc/hatohol/hatohol.conf を編集してください。

4. Hatohol Web 用 DB の作成

```
hatohol# mysql -u root -p
MariaDB> CREATE DATABASE hatohol_client;
MariaDB> GRANT ALL PRIVILEGES ON hatohol_client.* TO hatohol@localhost IDENTIFIED BY
'hatohol';
```

5. Hatohol Web 用 DB へのテーブル追加

```
# /usr/libexec/hatohol/client/manage.py syncdb
```

6. Hatohol サーバーの自動起動の有効化と起動

```
hatohol# systemctl enable hatohol
hatohol# systemctl start hatohol
```

7. Hatohol Web の自動起動の有効化と起動

```
hatohol# systemctl enable httpd
hatohol# systemctl start httpd
```

14.3 セキュリティ設定の変更

CentOS インストール後の初期状態では、SElinux、Firewalld、iptables といったセキュリティ機構により他のコンピュータからのアクセスに制限が加えられます。Hatohol を使用するにあたり、これらを適切に解除する必要があります。

1. SELinux の設定

```
hatohol# getenforce
Enforcing
```

Enforcing の場合、次のコマンドで SElinux ポリシールールの強制適用を解除できます。

```
hatohol# setenforce 0
hatohol# getenforce
Permissive
```

恒久的に SELinux ポリシールールの適用を無効化するには、/etc/selinux/config を編集します。

- 編集前

```
SELINUX=enforcing
```

- 編集後

```
SELINUX=permissive
```

完全に SELinux を無効化するには、次のように設定します。

```
SELINUX=disabled
```

```
筆者注:
SELinux はできる限り無効化すべきではありません。
```

2. パケットフィルタリングの設定フィルタリングの設定変更は、次のコマンドで恒久的に変更可能です。

```
hatohol# firewall-cmd --zone=public --add-port=80/tcp --permanent
hatohol# firewall-cmd --zone=public --add-port=80/tcp
```

14.4　Hatohol による情報の閲覧

Hatohol Web が動作しているホストのトップディレクトリーを Web ブラウザーで表示してください。10.0.0.10 で動作している場合は、次の URL となります。admin/hatohol（初期パスワード）でログインできます。

```
http://10.0.0.10/
```

Hatohol は監視サーバーから取得したログ、イベント、性能情報を表示するだけでなく、それらの情報を統計してグラフとして出力できる機能が備わっています。CPU のシステム時間、ユーザー時間をグラフとして出力すると次のようになります。

14.5　Hatohol に Zabbix サーバーを登録

Hatohol をインストールできたら、Zabbix サーバーの情報を追加します。Hatohol Web に

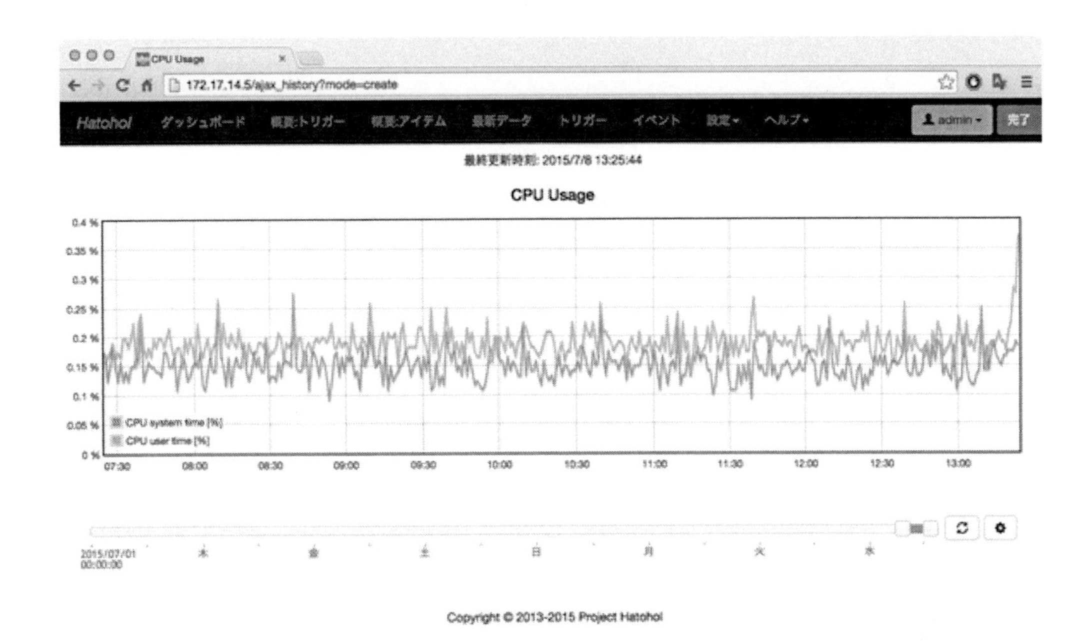

図 14.2　Hatohol のグラフ機能

ログインしたら、上部のメニューバーの「設定→監視サーバー」をクリックします。「監視サーバー」の画面に切り替わったら「監視サーバー追加」ボタンをクリックしてノードを登録します。

項目	設定値
監視サーバータイプ	Zabbix
ニックネーム	zabbix1
ホスト名	zabbix
IP アドレス	(Zabbix サーバーの IP アドレス)
ポート番号	80
ユーザー	Admin
パスワード	zabbix

ページを再読み込みして、通信状態が「初期状態」から「正常」になることを確認します。

14.6　Hatohol で Zabbix サーバーの監視

インストール直後の Zabbix サーバーはモニタリング設定が無効化されています。これを有効化すると Zabbix サーバー自身の監視データを取得できるようになり、Hatohol で閲覧できるよ

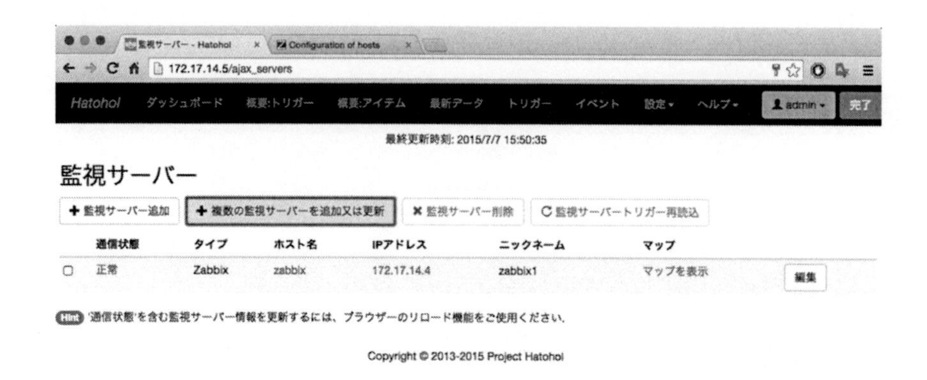

図 14.3　Zabbix サーバーの追加

うになります。

Zabbix サーバーのモニタリング設定を変更するには、次の手順で行います。

- Zabbix のメインメニュー「Configuration → Host groups」をクリックします。
- Host groups 一覧から「Zabbix server」をクリックします。
- 「Zabbix server」の Host の設定で、Status を「Monitored」に変更します。
- 「Save」ボタンをクリックして設定変更を適用します。

以上の手順で、Zabbix サーバーを監視対象として設定できます。

14.7　Hatohol でその他のホストの監視

Zabbix と Hatohol の連携ができたので、あとは対象のサーバーに Zabbix Agent をインストールし、手動で Zabbix サーバーにホストを追加するか、ディスカバリ自動登録を使って、特定のネットワークセグメントに所属する Zabbix Agent がインストールされたホストを自動登録するようにセットアップするなどの方法で監視ノードを追加できます。追加したノードは Zabbix および Hatohol で監視できます。

Zabbix Agent のインストール

Zabbix で OpenStack の controller ノード、network ノード、compute ノードを監視するために Zabbix Agent をインストールします。Ubuntu には標準で Zabbix Agent パッケージが用意されているので、apt-get コマンドなどを使ってインストールします。

```
# apt-get update && apt-get install -y zabbix-agent
```

Zabbix Agent の設定

Zabbix Agent をインストールしたら次にどの Zabbix サーバーと通信するのか設定を行う必要があります。最低限必要な設定は次の 3 つです。次のように設定します。

(controller ノードの設定記述例)

```
# vi /etc/zabbix/zabbix_agentd.conf
...
Server          10.0.0.10     ← Zabbix サーバーの IP アドレスに書き換え
ServerActive    10.0.0.10     ← Zabbix サーバーの IP アドレスに書き換え
Hostname  controller       ← Zabbix サーバーに登録する際のホスト名と同一のものを設定
ListenIP  10.0.0.101       ← Zabbix エージェントが待ち受ける側の IP アドレス
```

ListenIP に指定するのは Zabbix サーバーと通信できる NIC に設定した IP アドレスを設定します。

変更した Zabbix Agent の設定を反映させるため、Zabbix Agent サービスを再起動します。

```
# service zabbix-agent restart
```

ホストの登録

Zabbix Agent のセットアップが終わったら、次に Zabbix Agent をセットアップしたサーバーを Zabbix の管理対象として追加します。次のように設定します。

- Zabbix の Web 管理コンソールにアクセスします
- 「Configuration → Host」をクリックします。初期設定時は Zabbix server のみが登録されていると思います。同じように監視対象のサーバーを Zabbix に登録します
- 「Hosts」画面の右上にある、「Create Host」ボタンをクリックします
- 次のように設定します

「Host」の設定	説明
Host name	zabbix_agentd.conf にそれぞれ記述した Hostname を記述
Visible name	表示名（オプション）
Groups	所属グループの指定。例として Linux servers を指定
Agent interfaces	監視対象とする Agent がインストールされたホストの IP アドレス（もしくはホスト名）
Status	Monitored

その他の項目は適宜設定します。

- 「CONFIGURATION OF HOSTS」の「Templates」タブをクリックして設定を切り替えます
- 「Link new templates」の検索ボックスに「Template OS Linux」と入力し、選択肢が出てきたらクリックします。そのほかのテンプレートを割り当てるにはテンプレートを検索し、該当のものを選択します
- 「Link new templates」にテンプレートを追加したら、その項目の「Add」リンクをクリックします。「Linked templates」に追加されます
- 「Save」ボタンをクリックします

- 「Hosts」画面にサーバーが追加されます。ページの再読み込みを実行して、Zabbix エージェントが有効になっていることを確認してください。「Z」アイコンが緑色になれば OK です

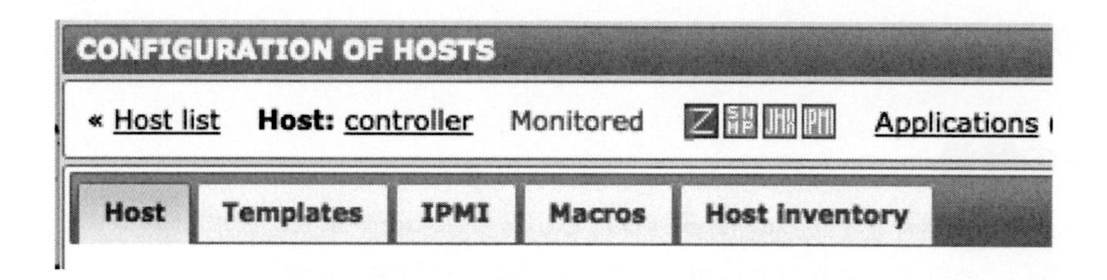

図 14.4　Zabbix エージェントステータスを確認

- ほかに追加したいサーバーがあれば「Zabbix Agent のインストール、設定、ホストの登録」の一連の流れを繰り返します。監視したい対象が大量にある場合はオートディスカバリを検討してください

Hatohol で確認

登録したサーバーの情報が Hatohol で閲覧できるか確認してみましょう。Zabbix サーバー以外のログなど表示できるようになれば OK です。

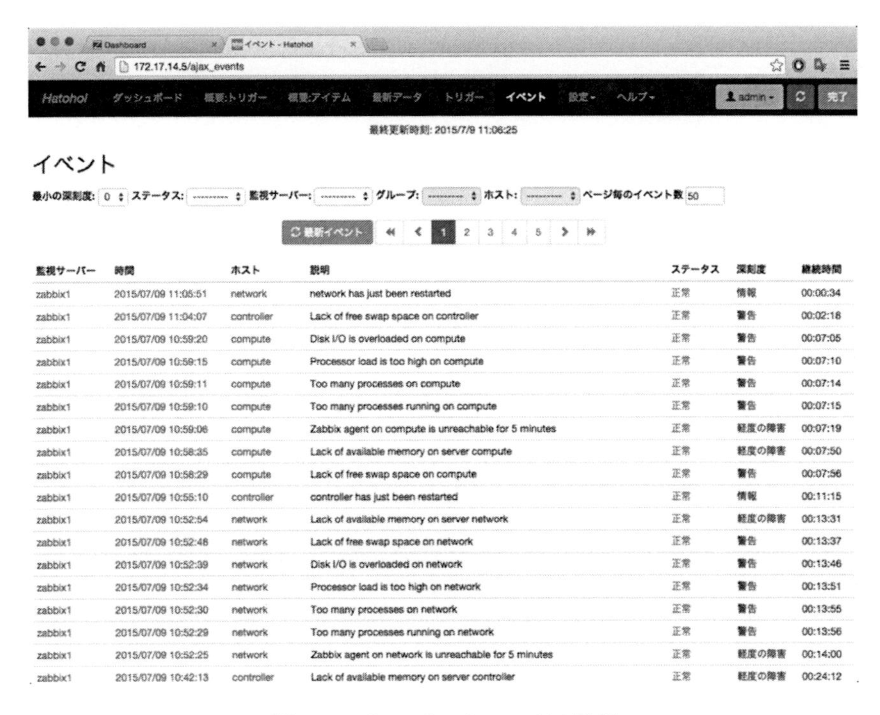

監視サーバー	時間	ホスト	説明	ステータス	深刻度	継続時間
zabbix1	2015/07/09 11:05:51	network	network has just been restarted	正常	情報	00:00:34
zabbix1	2015/07/09 11:04:07	controller	Lack of free swap space on controller	正常	警告	00:02:18
zabbix1	2015/07/09 10:59:20	compute	Disk I/O is overloaded on compute	正常	警告	00:07:05
zabbix1	2015/07/09 10:59:15	compute	Processor load is too high on compute	正常	警告	00:07:10
zabbix1	2015/07/09 10:59:11	compute	Too many processes on compute	正常	警告	00:07:14
zabbix1	2015/07/09 10:59:10	compute	Too many processes running on compute	正常	警告	00:07:15
zabbix1	2015/07/09 10:59:06	compute	Zabbix agent on compute is unreachable for 5 minutes	正常	軽度の障害	00:07:19
zabbix1	2015/07/09 10:58:35	compute	Lack of available memory on server compute	正常	軽度の障害	00:07:50
zabbix1	2015/07/09 10:58:29	compute	Lack of free swap space on compute	正常	警告	00:07:56
zabbix1	2015/07/09 10:55:10	controller	controller has just been restarted	正常	情報	00:11:15
zabbix1	2015/07/09 10:52:54	network	Lack of available memory on server network	正常	軽度の障害	00:13:31
zabbix1	2015/07/09 10:52:48	network	Lack of free swap space on network	正常	警告	00:13:37
zabbix1	2015/07/09 10:52:39	network	Disk I/O is overloaded on network	正常	警告	00:13:46
zabbix1	2015/07/09 10:52:34	network	Processor load is too high on network	正常	警告	00:13:51
zabbix1	2015/07/09 10:52:30	network	Too many processes on network	正常	警告	00:13:55
zabbix1	2015/07/09 10:52:29	network	Too many processes running on network	正常	警告	00:13:56
zabbix1	2015/07/09 10:52:25	network	Zabbix agent on network is unreachable for 5 minutes	正常	軽度の障害	00:14:00
zabbix1	2015/07/09 10:42:13	controller	Lack of available memory on server controller	正常	軽度の障害	00:24:12

図 14.5　OpenStack ノードの監視

参考情報

ホストの追加やディスカバリ自動登録については次のドキュメントをご覧ください。

- https://www.zabbix.com/documentation/2.2/jp/manual/quickstart/host
- https://www.zabbix.com/documentation/2.2/jp/manual/discovery/auto_registration
- http://www.zabbix.com/jp/auto_discovery.php
- https://www.zabbix.com/documentation/2.2/jp/manual/discovery/network_discovery/rule

14.8　Hatohol Arm Plugin Interface を使用する場合の操作

Hatohol Arm Plugin Interface(HAPI) を使用する場合、/etc/qpid/qpidd.conf に次の行を追記します。なお、=の前後にスペースを入れてはなりません。

付録A　FAQフォーラム参加特典について

本書の購入者限定特典としてFAQフォーラム（Googleグループ）を用意しています。Googleアカウントにログインのうえ下記URLにアクセスし、本フォーラムの「メンバー登録を申し込む」をクリックしてください。申し込みの際に追加情報として購入した書籍名をご入力ください。

https://groups.google.com/d/forum/vtj-openstack-faq

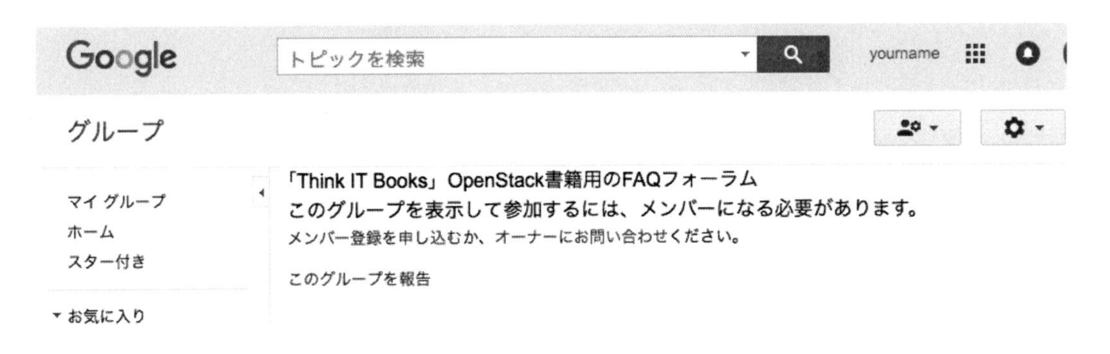

本フォーラムは書籍の購入者限定のサービスです。フォーラム内のすべての質問に対して日本仮想化技術の社員が回答を行うことをお約束するものではないこと、サービスの公開期間は書籍出版後2年間（～2018/03）を予定していること、前記期間内であってもOpenStackおよび関連サービスの仕様変更に伴いフォーラムを継続できなくなる可能性があることをご了承ください。また、本書およびフォーラムの解説内容によって生じる直接または間接被害について、著者である日本仮想化技術株式会社ならびに株式会社インプレスでは一切の責任を負いかねます。

●著者紹介

遠山 洋平
日本仮想化技術株式会社
1981 年 6 月、宮城県生まれ。2008 年に日本仮想化技術株式会社に入社し、仮想化技術の検証、ベンチマークおよび構築などに従事。Linux やサーバ仮想化、デスクトップ仮想化に関連した記事を雑誌や書籍、Web などに多数執筆。社内ではデスクトップ仮想化や OpenStack、Docker や LXC などの構築や検証を担当。

●スタッフ

- 田中 佑佳（表紙デザイン）
- 鈴木 教之（編集、紙面レイアウト）

本書のご感想をぜひお寄せください
http://book.impress.co.jp/books/1115101149
アンケート回答者の中から、抽選で商品券（1万円分）や図書カード（1,000円分）などを毎月プレゼント。
当選は商品の発送をもって代えさせていただきます。

●本書の内容に関するご質問は、書名・ISBN・お名前・電話番号と、該当するページや具体的な質問内容、お使いの動作環境などを明記のうえ、インプレスカスタマーセンターまでメールまたは封書にてお問い合わせください。電話やFAX等でのご質問には対応しておりません。なお、本書の範囲を超える質問に関しましてはお答えできませんのでご了承ください。

●落丁・乱丁本はお手数ですがインプレスカスタマーセンターまでお送りください。送料弊社負担にてお取り替えさせていただきます。但し、古書店で購入されたものについてはお取り替えできません。

■読者の窓口
インプレスカスタマーセンター
〒101-0051 東京都千代田区神田神保町一丁目105番地
TEL 03-6837-5016 ／ FAX 03-6837-5023
info@impress.co.jp

■書店／販売店のご注文窓口
株式会社インプレス 受注センター
TEL 048-449-8040
FAX 048-449-8041

OpenStack構築手順書 Liberty版（Think IT Books）

2016年5月1日 初版発行

著 者 日本仮想化技術株式会社
発行人 土田 米一
編集人 高橋 隆志
発行所 株式会社インプレス
〒101-0051 東京都千代田区神田神保町一丁目105番地
TEL 03-6837-4635（出版営業統括部）
ホームページ http://book.impress.co.jp/

印刷所 京葉流通倉庫株式会社
ISBN978-4-8443-8056-6 C3055
Printed in Japan